纺织检测知识丛书

U0161648

防疫类纺织品
检测技术指南

张珍竹　主　编

谢凡　李正海　耿轶凡　副主编

中国纺织出版社有限公司

内 容 提 要

本书主要概述防疫类纺织品的发展历史、用途、分类以及防护原理，着重介绍国内外口罩、防护服的相关技术法规和标准概况，以及产品检验质量控制和各项目检测技术要求，并系统介绍检测项目的岗位要求、检测流程、检验规程及关键控制点，最后给出防疫类纺织品的真伪鉴别方法。

本书可为防疫类纺织品生产商、销售商、第三方检测机构以及消费者提供相应技术参考，尤其对检测实验室的管理人员、技术人员、试验操作人员等的技能培训具有一定的参考和指导价值。

图书在版编目（CIP）数据

防疫类纺织品检测技术指南 / 张珍竹主编；谢凡，李正海，耿轶凡副主编. ––北京：中国纺织出版社有限公司，2022.11

ISBN 978-7-5180-9714-2

Ⅰ．①防… Ⅱ．①张… ②谢… ③李… ④耿… Ⅲ．①纺织品—检测—指南 Ⅳ．①TS107-62

中国版本图书馆CIP数据核字（2022）第141567号

责任编辑：孔会云　朱利锋　　特约编辑：陈彩虹　　责任校对：寇晨晨
责任印制：王艳丽

中国纺织出版社有限公司出版发行
地址：北京市朝阳区百子湾东里 A407 号楼　邮政编码：100124
销售电话：010—67004422　传真：010—87155801
http://www.c-textilep.com
中国纺织出版社天猫旗舰店
官方微博 http://weibo.com/2119887771
三河市宏盛印务有限公司印刷　各地新华书店经销
2022 年 11 月第 1 版第 1 次印刷
开本：787×1092　1/16　印张：11.25
字数：265 千字　定价：98.00 元

凡购本书，如有缺页、倒页、脱页，由本社图书营销中心调换

本书编委会

主　　编　张珍竹

副 主 编　谢　凡　李正海　耿轶凡

编　　委　伏广伟　王　政　杨　萍　王　玲　潘大经

　　　　　杨宏珊　任志博　贺志鹏

编写人员　（排名不分先后）

　　　　　陈冠杰　李泽华　汪　洋　潘俊杰　崔绮嫦

　　　　　宋蓉蓉　黄晓玲　区丽华　罗桂莲　喻方锦

　　　　　李永锋　何惠燕　张志荣　任　敏　倪冰选

　　　　　李红英　彭伟坤　张　焕　周长年　王一鑫

　　　　　魏纯香　任　刚　赵向旭　杨　贺　宋林南

　　　　　李富荣

审　　校　王　静　李正海　朱国权　亓兴华　陈冠杰

序

2020年的春天，突如其来的新冠肺炎疫情打破了人们宁静的生活。对中国乃至世界来说，这都是一次严重的危机和严峻的考验。疫情期间，人们意识到自身的防护工作亟待加强，医护人员的生命安全也亟需得到保障。口罩、防护服等防疫类纺织品在疫情期间受到了越来越广泛的关注，防疫类纺织品一度脱销。然而，层出不穷的产品质量问题对人民群众的生命安全造成了重大威胁。因此，对防疫类纺织品的质量监管工作势在必行。

为更好地贯彻落实国务院办公厅《关于加快发展高技术服务业的指导意见》（简称《指导意见》），推进《质量发展纲要（2011—2020年）》的实施，响应国务院重点推进八大领域高技术服务业加快发展的号召，推进检验检测机构市场化运营，提升专业化服务水平，加强战略性新兴产业等重点行业产品质量检验检测体系建设，国家鼓励检验检测技术服务机构由提供单一认证型服务向提供综合检测服务延伸，提升医卫检验检测高技术服务业的质量和水平。为了让普通群众对防疫类纺织品的检验工作有基本的认识，中国纺织工业联合会检测中心根据《指导意见》，组织从事医卫检验检测和管理工作、具有丰富经验的专家编写了《防疫类纺织品检测技术指南》一书。为了说明问题，选取互联网上的一些图片，在此对这些图片的作者表达诚挚的谢意。

本书的主要内容包括防疫类纺织品的发展历史、用途、分类，涉及国内外防疫类纺织品的技术法规与标准。主要包括检测岗位要求（知识要求、技能要求）、检测流程（工作流程）、检测规程（检测依据、测试原理、操作步骤）、关键控制点。

如今，全国疫情防控形势持续向好，生产生活秩序加快恢复。在这场应对疫情的"大考"中，中国的疫情防控工作得到了世界各国的关注、赞誉，正如习近平总书记所指出的："防控工作取得的成效，再次彰显了中国共产党领导和中国特色社会主义制度的显著优势。"疫情防控取得的积极成效彰显出中国共产党集中统一领导的制度优势。

非凡的时代铸就非凡的人生，非凡的磨难铸就中国人不信邪、不怕苦、不畏难、不服输的坚定意志。疫情击不垮中国人民的斗志，在中国共产党的领导下，中国人民团结一心，众志成城，必将夺取新冠肺炎疫情防控的伟大胜利。

中国纺织工业联合会检测中心主任

2022年8月18日

目录

第1章 防疫类纺织品概述

截至2020年9月24日，国内新型冠状病毒肺炎（COVID-19）的确诊病例超过9万例，国外累计确诊病例超过3200万例，现在全球每日新增确诊病例超过30万例，新型冠状病毒肺炎疫情已经波及了超过200个国家和地区。该疾病对全球公共卫生、经济、政治等领域已经造成重大威胁，引起了国际社会的广泛关注。在没有研制出相关疫苗之前，切断传播途径是最有效的手段。在历次抗疫战役中，日常防护型口罩、医用防护口罩、医用外科口罩、儿童防护口罩、防护面罩、医用一次性防护服、隔离服、手术衣、一次性防护帽、一次性防护鞋套、即用型消毒湿巾等防护用品，起到了关键作用。

本章将科普性地介绍防疫类纺织品的定义、分类、发展历史、用途及其防护原理，加深读者对防疫类产品的认识。

1.1 防疫类纺织品的定义

防疫类纺织品是指以防疫应用为特色，以纺织品为主要原材料，经过熔喷、水刺、针刺等加工工艺成型，经复合而成的医卫用纺织产品。防疫类纺织品主要包括口罩、防护服、一次性医用防护帽、一次性医用防护鞋套与即用型消毒湿巾这五大类。这五类防疫类纺织品的定义如下。

1.1.1 口罩

口罩是一种可以覆盖使用者的口、鼻及下颌，能够过滤进入人口鼻空气中的颗粒物，阻隔飞沫、血液、体液、分泌物、花粉、粉尘等的个人防护用品。口罩根据形状不同，主要分为平面式口罩、折叠式口罩和杯状口罩三大类。根据用途不同，又可以分为医用口罩和非医用口罩。

1.1.2 医用防护服

国家标准GB/T 20097—2006《防护服一般要求》对防护服的定义是：防御物理、化学和生物等外界因素伤害人体的工作服。防护服种类包括消防防护服、工业用防护服、医用防护服、军用防护服和特殊人群用防护服。按防护功能不同可分为健康型防护服，如防辐射服、防寒服、隔热服及抗菌服等；安全型防护服，如阻燃防护服、电弧防护服、防静电服、防弹服、防刺服、宇航服、潜水服、防酸服及防虫服等；卫生型防护服，如防油服、防尘服及拒水服等。防疫类纺织品主要使用的是医用防护服。

1.1.3 一次性医用防护帽

行业标准YY/T 1642—2019《一次性使用医用防护帽》对一次性医用防护帽的定义是：用于保护医务人员、疾控和防疫等工作人员的头部、面部和颈部，防止直接接触含有潜在感染性污染物的一类医用防护产品。

1.1.4 一次性医用防护鞋套

行业标准YY/T 1633—2019《一次性使用医用防护鞋套》对一次性医用防护鞋套的定义是：用于保护医务人员、疾控和防疫等工作人员的足部、腿部，防止直接接触含有潜在感染性污染物的一类靴状保护套。

1.1.5 即用型消毒湿巾

即用型消毒湿巾是指含有功能液（例如酒精），具有擦拭功能，可随时随地使用的湿润型纸巾，包括消毒湿巾、酒精棉片等。

1.2 防疫类纺织品的发展历史

1.2.1 口罩

1.2.1.1 近代以前的口罩

人类对类口罩物的使用最早可以追溯到公元前6世纪。当时，崇尚拜火教的波斯人在进行宗教仪式时，会要求信众用布遮住脸，以免俗人不洁的气息玷污阿胡拉·马兹达（Ahura Mazda）。波斯教古墓墓门上的浮雕中，主持仪式的祭司就戴着"口罩"，如图1-1所示。

在我国的西周时期，人们就会避开交谈时产生的飞沫。《礼记·曲礼上》记载："负剑辟咡诏之，则掩口而对。"《礼疏》记载："掩口，恐气触人。"《孟子·离娄》中记载："西子蒙不洁，则人皆掩鼻而过之。"

人类真正意义上对于呼吸系统的保护可以追溯到公元前1世纪的古罗马时代。意大利人盖乌斯·普林尼·塞孔都斯（Gaius Plinius Secundus）在《自然史》一书中提到，为了防止矿工受到毒气粉尘的伤害，就想到利用松散的动物膀胱捂住口鼻来过滤颗粒物、粉尘等，以免在粉碎朱砂时吸入有毒的物质。

中世纪由于霍乱、黑死病等流行疾病的广泛传播，不少医生认为这些传染病是由有机物腐烂产生的瘴气导致的，因此当时医生在出诊时会佩戴一种鸟嘴面具，如图1-2所示，内部藏有干花、药草、樟脑丸等芳香物品。当时人们认为这些芳香物品具有净化功能，虽然当时人们并未意识到真正的致病源是藏在空气、水源中的细菌，但鸟嘴面具也起到了一定的疾病防御功能。

图1-1 古代口罩

13世纪初，口罩在马可·波罗（Marco Polo）撰写的《马可·波罗游记》中初现雏形。《马可·波罗游记》中记载："在元朝宫殿里，献食的人，皆用绢布蒙口鼻，俾其气息，不触饮食之物。"（图1-3）。这种原始的口罩表明当时人们已经有了防护的意识。

图1-2 中世纪的鸟嘴面具

图1-3 元朝宫殿进食情况

1.2.1.2 近代口罩

1847年，奥地利维也纳总医院的伊格纳茨·菲利普·塞麦尔维斯（Ignaz Philipp Semmelweis）发现，感染是由致病菌造成的，这为后续口罩的研究提供了必要的理论基础。1849年，美国人刘易斯·哈斯莱特（Lewis P. Haslett）发明了便携式呼吸过滤器专利，用于矿工防尘，如图1-4所示。

1861年，法国微生物学家路易斯·巴斯德（Louis Pasteur）用鹅颈瓶证实了空气中有细菌的存在，如图1-5所示。这项研究结果说明空气中存在着危险的病菌。这项研究结果改变了人们对于空气的认识，为细菌防护型口罩的发明打下了理论基础。

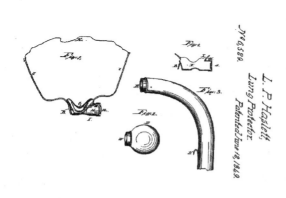

图1-4 便携式呼吸过滤器

图1-5 巴斯德在进行试验

1876年，医学界人士对使用的手术产品，如手术器械、手术服、手术帽、橡胶手套都要求进行严格消毒，但当时医学界还没有对手术医生的口鼻进行防护。1897年，德国微生物学家卡里·弗鲁格（Cail Flugge）和他的学生验证了呼吸道飞沫的危害性。通过实验证明，在外科医生咽部和龋齿中可以培养出金黄色葡萄球菌和链球菌，讲话时唾液内的细菌会污染伤口。在这项研究的基础上，德国外科医学家米库里兹·莱德奇（Mikulicz Radecki）在同一年提出，医务人员施行手术时，需要遮住自己的口鼻，以避免唾液飞溅到伤口上。这样的口罩被称为米库里兹氏口罩（Mikulicz's mask）。1899年，法国医生保罗·伯蒂（Paul Bertie）发现，只有不少于六层纱布的口罩，才能有效预防口腔飞沫的传播。他将这种口罩缝在衣领上，使用时把口罩翻上来用手按着即可。这种设计为现代口罩的研制提供了坚实的基础。

1910年，我国东北暴发了严重的鼠疫，中国医生伍连德发明了用棉纱制成的简易口罩，两层纱布内置一块吸水药棉，简单易戴，价格低廉，可以很好地防止疫病传染。当时的防疫情况如图1-6所示。至今仍有医务人员在使用"伍氏口罩"。

1918年，人类历史上可怕的传染病——西班牙流感，从美国堪萨斯州的芬斯顿军营开始。1918年3月到1919年底，全世界大约20%的人感染了这种传染病，总共造成800万西班牙人死亡，全世界预计死亡人数约为2000万以上，比第一次世界大战的死亡人数还多。

这次流感直接改变了人类的历史进程，是造成第一次世界大战提早结束的原因之一。当时的防疫情况如图1-7所示。疫病蔓延期间，人们被强制性要求戴口罩。

图1-6 鼠疫时期的防疫情况　　　　　　　图1-7 流感时期的防疫情况

1.2.1.3 现代口罩

随着非织造技术的诞生与发展，现代社会意义上的口罩正式诞生。美国3M公司（Minnesota Mining and Manufacturing）基于非织造材料和静电纤维滤毡的专有技术，从1967年开始设计和生产防尘口罩，有力地推动了防尘口罩的应用和更多新技术的研发，如今被人们熟知的KN90/N90、KN95/N95、KN99/N99防护口罩都属于其中的发展和分支。

2019年底暴发的新型冠状病毒肺炎（COVID-19）使人们重视起了口罩的防护作用，相关研究机构与组织团体也对防疫类口罩进行了更为深入的研究与探索。研究人员对于纺粘非织造技术的研究热点主要集中在纺粘非织造纤维网固结技术和原料的改性技术方面，用热风加固纺粘非织造纤维网，可大幅度减小滤料过滤阻力，有效平衡滤料的过滤效率与阻力。纺粘纤网在热加固时，主要采用热轧或热风技术。图1-8分别为聚丙烯热轧纺粘非织造滤料表面和轧点截面的扫描电镜照片。

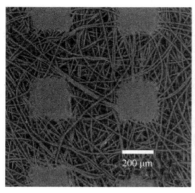 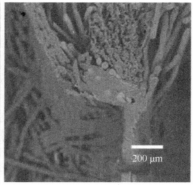

(a) 滤料的表面　　　　　　　　(b) 滤料的轧点截面

图1-8　聚丙烯热轧纺粘非织造滤料的表面和轧点截面

1.2.2　医用防护服

中世纪时期，医生在手术过程中无任何防护措施，导致80%的患者在术中或术后死亡，同时也加大了医生的感染风险。19世纪末，英国医生提出了采用石炭酸对手术器械及手术室敷料进行消毒，自己的衣物也要进行消毒处理，但当时并未开始穿着医用防护服。

100多年前，医生做手术时开始穿着一种黑色外套，被认为是最早的医用防护服。当时，医生穿着防护服的目的是保护病人不受医护人员所带细菌的感染，同时保护医生的衣服不被血液或分泌物污染。

20世纪40年代，手术衣开始普及，此时的手术衣普遍采用疏松结构的全棉面料，在干燥状态下具有防细菌渗透的能力，但是在湿态下却无法抵抗细菌的入侵。第二次世界大战时期，美国的军需部门开发出一种经氟化碳和苯化合物处理的高密机织物，能够使防护服阻挡液体，阻止细菌的入侵。战后，民用医院开始将这种织物作为医用防护服的面料。

20世纪80年代以后，随着人们对艾滋病毒（HIV）、肝炎B病毒（HBV）、肝炎C病毒（HCV）等血载病原体认识的深入，医护人员在救治患者过程中可能受到的感染风险逐渐受到重视。美国研发的异质膜、非对称膜、均质膜和复合膜四种薄膜材料和Gore织物复合材料，既具有良好的阻碍病毒透过性能，还具有良好的透气性能。

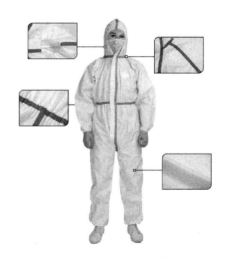

2003年，我国在抗击"非典"疫情过程中，充分认识到医护人员面临的生物职业危害。当时我国制作防护服的材料主要为普通的非织造布或橡胶等，无法满足医务人员对防疫的需求。经我国研究机构的共同努力，研制出了聚丙烯纺粘和熔喷纺粘复合材料（SMS）非织造布。SMS材料不仅具有良好的抗菌性和透气性，还能抵抗高静水压力。通过对SMS材料的抗菌、抗老化、抗静电等技术处理，可适应多种不同的环境条件。医用防护服如图1-9所示。

图1-9　医用防护服

5

1.2.3　一次性医用防护帽

据史书《玉篇》记载："巾，佩巾也。本以拭物，后人着之于头。"由此可见，巾原是劳动时围在颈部擦汗用的布。由于自然界中风沙、酷热、寒流对人类的袭击，人们将巾从颈部逐渐裹到头部，逐渐演变成为帽子的形式。

以前的帽子主要具有保暖、防暑、挡风、避雨、护头等实用功能，而现代社会使用的一次性医用防护帽则是一种用于保护医务人员、疾控和防疫等工作人员的头部、面部和颈部，防止直接接触含有潜在感染性污染物的一类医用防护产品。

1.2.4　一次性医用防护鞋套

鞋的历史已相当久远，古称鞋为鞜、跂或履。大约在5000多年前的仰韶文化时期，即出现了兽皮缝制的最原始的鞋。3000多年前的《周易》中已有关于履的记载。《诗经》中"纠纠葛屦，可以履霜"里的"屦"，就是一种比较简陋的用麻、葛编成的鞋。

鞋套的出现则远远晚于鞋子，现代意义上的一次性医用防护鞋套是一种适用于医务人员、疾控和防疫等工作人员在室内接触血液、体液、分泌物、排泄物、呕吐物等具有潜在感染性污染物时所使用的一类医用防护产品。

1.2.5　即用型消毒湿巾

在美国经济发展的黄金时期，随着城市化进程的加快，外出就餐需求激增。PDI创始人Arthur Julius意识到手帕沾水后不便于携带的缺点，于是生产出一次性的小棉片来取代手帕。他运用在化妆品行业中的经验，于1960年发明出世界上第一张湿巾，1963年开始提供给肯德基使用，湿巾就此进入人们的生活。湿巾是一种经过预湿润的布质或纸质产品，因为其方便性，目前在许多领域中被人们广泛使用，包括餐饮行业、婴儿用品、居家日常清洁、医疗环境清洁与消毒等。

国内在20世纪80年代末期开始有少数企业生产湿纸巾，上海日立行卫生用品有限公司（前身为上海纸盒七厂）是最早生产湿纸巾产品的企业之一。目前国内市场上有上百个品牌的湿纸巾产品，年消费量500~600t。全国比较正规的生产企业有50多家，另有作坊式的小企业近百家。少数企业年产量可达100t以上，中小型企业的年产量多在10t以下。

1.3　防疫类纺织品的分类与用途

1.3.1　口罩

1.3.1.1　按材料分类

（1）纱布口罩。采用稀疏的棉布经过缝纫加工而成，主要用在含有低浓度有害气体和蒸气的作业环境，能够起到防寒、防风和过滤作用。

（2）布料口罩。采用棉纤维经过机织方式加工而成，布料口罩没有过滤层，所以没有过滤能力，只能起到保暖、防风的作用，俗称明星口罩。

（3）非织造布口罩。采用非织造布制成的口罩，有平面口罩和模压口罩之分，材料以熔喷法非织造布为主。如在中间过滤层加入活性炭或活性炭纤维，则可使口罩具有吸附有害气体的功能。

（4）海绵口罩。采用聚氨酯高分子材料经过滚刀混切或缝制加工而成，海绵口罩弹性好、透气性佳、能多次水洗，主要用来防花粉。但是该类口罩容易滋生细菌，使用时间不宜过长。

（5）纸口罩。采用柔软舒适的优质木浆纸材质加工而成，该类口罩适用于电子制造业、无尘车间、餐饮服务业、食品加工业、学校、骑机车、喷涂加工、冲压五金、卫生院、手工业、医院、美容院、制药厂、工厂、环境清洁、公共场合等多种用途。具有透气好、使用方便舒适等特点，所用纸遵循标准GB/T 22927—2008。

（6）活性炭口罩。分为两种形式，一种是非织造材料+活性炭纤维布+熔喷非织造材料，另一种是棉纱布+活性炭颗粒+脱脂纱布。活性炭纤维布过滤层的主要功能是吸附有机气体、恶臭废气、毒性粉尘等，与非织造材料和熔喷非织造材料配合使用，还可以过滤微细颗粒物，起到双重作用。其中的活性炭纤维是20世纪70年代开发出来的新型功能性吸附材料，它以有机纤维为原料，经炭化、活化后制成。

1.3.1.2 按形状分类

按照口罩形状可以分为平面型口罩、鸭嘴型口罩、杯状式口罩等。

（1）平面型口罩。通常采用柔软PP材质，鼻梁夹设计可依据不同脸型做最舒适的调整，可以过滤一些对人体有害的可见或不可见的物质。平面型口罩分为两层非织造布口罩、三层非织造布口罩、四层活性炭口罩。耳挂松紧式平面型口罩主要应用于食品厂、电子仪表厂、制药厂、美容美发业、家庭保健等。绑带式平面型口罩主要应用于医疗卫生业，特别适用于外科手术。平面型口罩便于携带，但是密合性不好，如图1-10所示。

（2）鸭嘴型口罩。通常采用纺粘、熔喷、纺粘三层非织造材料作为口罩主体，用于防护极小的粉尘微粒。鸭嘴型口罩易于折叠，便于携带，适用于采矿业，建筑业，铸造业，研磨制药业，农业园艺，林业，畜牧业，地铁工程，电子电器、仪表仪器制造业，食品加工业，水泥厂，纺织厂，工具五金厂，钣金打磨、抛光、切割，粉碎作业等，能有效防止有色金属、重金属等有害污染物，如图1-11所示。

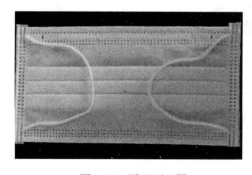

图1-10 平面型口罩

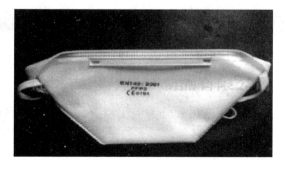

图1-11 鸭嘴型口罩

（3）杯状式口罩。主要是指N95口罩，以劳保防粉尘为主。杯状式口罩与脸部贴合性好，防护效果好，呼吸空间大，但不方便携带，如图1-12所示。

1.3.1.3　按佩戴方式分类

按照佩戴方式可以分为耳挂式口罩、绑带式口罩和头带式口罩。

（1）耳挂式口罩。佩戴时的受力点在耳部，佩戴方便。因为是耳部受力，所以不适合长时间佩戴，如图1-13所示。

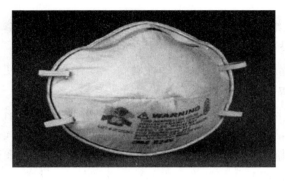
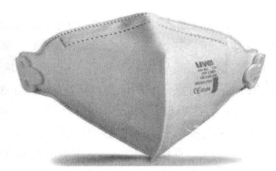

图1-12　杯状式口罩　　　　　　　　　　图1-13　耳挂式口罩

（2）绑带式口罩。非织造布口罩的其中一种，绑带式口罩灵活性更强，佩戴松紧程度因人而异，透气性强，过滤效果也好，而且有灭菌功效，如图1-14所示。

（3）头戴式口罩。佩戴口罩时的受力点在头部，可以减少耳部受力，从而延长佩戴时间，提高舒适性。但是该类口罩佩戴过程较为麻烦，适合于长时间佩戴的医护人员或者车间工作人员使用，如图1-15所示。

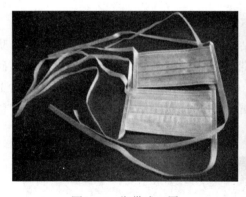
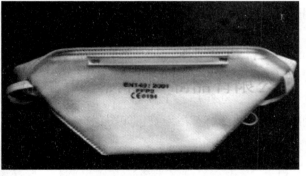

图1-14　绑带式口罩　　　　　　　　　　图1-15　头带式口罩

1.3.1.4　按用途分类

口罩按用途可划分为医用口罩、日常防护型口罩、工业防护口罩、防油烟口罩、防寒保暖口罩及防护面罩等。

（1）医用口罩。又称平面口罩，适用于医务人员的日常工作使用。医用防护口罩要求符合GB 19083—2010《医用防护口罩技术要求》的标准；医用外科口罩要求符合YY 0469—2011《医用外科口罩》的标准；一次性使用医用口罩要求符合YY 0969—2013《一次性使用医用口罩》的标准。如图1-16所示。

（2）日常防护型口罩。主要用于防微颗粒，N95、KN95口罩是其中的典型代表。日常防护型口罩要求符合GB/T 32610—2016《日常防护型口罩技术规范》的标准。日常防护型口罩适用于在日常生活中空气污染环境下滤除颗粒物所佩戴的防护型口罩。如图1-17所示。

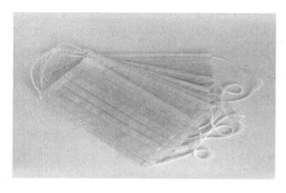

图1-16　医用口罩

图1-17　日常防护型口罩

（3）工业防护口罩、防油烟口罩。又称呼吸器，主要用于职业防护。工业防护口罩、防油烟口罩通常要求符合GB 2626—2019《呼吸防护 自吸过滤式防颗粒物呼吸器》的标准。工业防护口罩、防油烟口罩通常用来阻隔灰尘或废气，无法滤除病菌。制造工业防护口罩用纤维直径小，吸附质扩散路径短，使其对吸附质显现出良好的动力学特征，吸附、脱附速率相当快。如图1-18所示。

（4）防寒保暖口罩。防寒保暖口罩能防止冷空气进入口、鼻、呼吸道，具有透气性好的优点，但防微颗粒、防菌效果不明显，在流行病高发期和雾霾天气，几乎起不到防护作用。如图1-19所示。

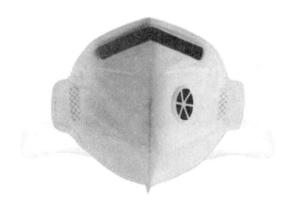

图1-18　防油烟口罩

图1-19　防寒保暖口罩

（5）防护面罩。用于保护面部和颈部免受飞来的金属碎屑、有害气体、液体喷溅、金属和高温溶剂飞沫伤害的用具。主要类型有焊接面罩、防冲击面罩、防辐射面罩、防烟尘毒气面罩和隔热面罩等。如图1-20所示。

图1-20　防护面罩

1.3.2　医用防护服

1.3.2.1　按原材料分类

早期，研发机构与企业制作医用防护服主要采用涂层整理的方式，运用湿法或干法将聚氨酯、聚丙烯酸酯、聚偏氟乙烯涂在机织物上进行涂层整理。涂层面料的缺点是耐洗涤性差，涂层在洗涤过程中容易脱落，从而使服装失去液体阻隔性能，在医疗防护中已经逐渐被淘汰。

近些年膜材料的迅速发展为医用防护服的发展提供了有力的材料支撑，医用防护服的覆膜面料主要使用的是聚乙烯（PE）透气膜和聚四氟乙烯（PTFE）微孔薄膜。膜材料一般作为夹层和面层，可以起到过滤和阻隔作用，基布材料可为棉织物、化纤织物以及纺粘非织造材料。纺粘非织造材料由于成本低，防护效果好，因此以纺粘非织造材料作为基材的膜复合材料（SFS）成为市场的主流产品。这种膜复合材料在液体阻隔性、透湿性与舒适性等方面优于涂层材料，在医用防护服领域有着广泛的应用。

纺粘熔喷非织造材料是现在医用防护服领域应用范围最广的材料。纺粘布（S）具有高强度、横纵向强力差异小的特征，熔喷布（M）具有高屏蔽、防水性能优异的特征。通过复合，得到的医用防护服具有较强的防水性、良好的透气性、高效的阻隔性能，能够有效地屏蔽血液和细菌等。该材料一般制备成纺粘—熔喷—纺粘的"三明治"结构（SMS），通过控制熔喷非织造材料、纺粘非织造材料的层数和面密度，可调控微细颗粒物质等的过滤和阻隔效率。因此，SMS被大量用于隔离服和手术衣的制作中。

1.3.2.2　按用途分类

医用防护服按用途划分，主要有四大类，分别是日常工作服、手术衣、隔离服和防护服，如图1-21所示。

（1）日常工作服。日常工作服是医护人员日常生活中穿的白大衣，大多由纯棉或涤纶织物制成，只能起到日常的基本防护作用。

（2）手术衣。手术衣是医生进行外科手术时所穿的专用服装，根据使用情况主要分为重复性使用手术衣和一次性手术衣。重复性使用手术衣主要选用的材质为普通棉织物、高密度聚酯纤维织物及PE、TPU、PTFE多层贴合膜复合手术衣。一次性手术衣主要以SMS/SMMS手术衣为主，SMS或SMMS非织造布手术衣的加强片为非织造布复合材料，能够防止液体与微生物的渗透。

（3）隔离服。隔离服是避免医务人员在接触患者时受到血液、体液和其他感染性物质污染，或用于保护患者避免感染的防护用品，是一种双向隔离的功能性服装。隔离服主要由SMS非织造材料和淋膜非织造材料制成。

（4）防护服。防护服是临床医务人员在接触甲类或按甲类传染病管理的传染病患者时所穿的一次性防护品，主要用于阻隔具有潜在感染性患者的血液、体液、分泌物以及空气中的颗粒物。

(a) 日常工作服

(b) 手术衣

(c) 隔离服

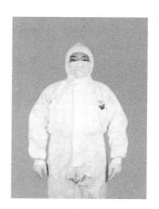
(d) 防护服

图1-21　医用防护服

1.3.3　一次性医用防护帽

一次性医用防护帽主要是医务人员、疾控和防疫等工作人员在接触含潜在感染性污染物时所佩带的一类防疫纺织品。

1.3.4　一次性医用防护鞋套

一次性医用防护鞋套主要是用于保护医务人员、疾控和防疫等工作人员的足部、腿部，防止直接接触含有潜在感染性污染物的一类靴状防护产品。

1.3.5　即用型消毒湿巾

即用型消毒湿巾是一种由非织造材料与功能液构成的，具有擦拭功能的润湿型纸巾。可以随时随地使用是它的典型特征，即用型湿巾包括消毒湿巾、酒精棉片等。

1.3.5.1　按材料类型分类

即用型消毒湿巾的生产原料主要包括棉纤维、黏胶纤维、聚酯纤维、竹浆纤维、聚乳酸纤维等。

棉的别名为吉贝、草棉，属被子植物门、双子叶植物纲、锦葵科棉属，一年生草本物。中国、印度、埃及、秘鲁、巴西、美国等为世界主要棉纤维产地。黄河流域棉区、长江流域棉区、西北内陆棉区、北部特早熟棉区和华南棉区为我国五大产棉区。棉纤维微观形貌如图1-22所示，棉主要由纤维素、半纤维素、可溶性糖类、蜡质脂肪、灰分等物质组成，彩色棉还含有色素。纤维素是天然高分子化合物，其化学结构是由许多β-D-吡喃葡萄糖基以1,4-β-苷键连接而成的线形高分子。纤维素的化学式为$(C_6H_{10}O_5)_n$，n为聚合度，棉纤维聚合度为6000～15000，其重复单元为纤维素双糖。棉纤维的强度高，吸湿性好，耐酸不耐碱，对染料具有良好的亲和力，容易染色，色谱齐全，色泽也比较鲜艳。棉纤维横截面为腰圆形，有中腔，纵向天然卷曲。

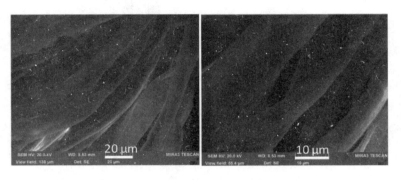

图1-22　棉纤维微观形貌

天然纤维纯棉，通过开棉、松棉，利用尖端梳理机和铺网机及牵伸机将纯棉整理成网后，利用加压后形成的大密度针状水柱，经过水刺机促成棉纤维缠结成布。纯棉水刺非织造材料吸湿性强、手感好，目前在医疗卫生和擦拭布领域得到广泛的应用。

黏胶纤维，简称黏纤，它是再生纤维素纤维的最初和主要品种，是一种从棉短纤、芦苇、木材、甘蔗渣、麻等纤维素原料中提取纤维素，再经过烧碱、二硫化碳处理之后形成纺丝溶液，最后经过湿法纺丝加工得到的化学纤维。黏胶纤维的基本组成是纤维素，聚合度一般为250~550。黏胶纤维的断裂强度较低，吸湿性和染色性好。如图1-23所示，黏胶纤维的横截面为不规则的锯齿形，纵向平直，有不连续条纹。

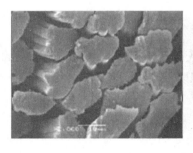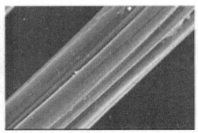

图1-23　黏胶纤维微观形貌

聚酯纤维通常指以二元酸和二元醇缩聚而成的高分子化合物，其基本链节之间通过酯键连接。常用的聚酯纤维是聚对苯二甲酸乙二酯，我国将聚对苯二甲酸乙二酯含量大于85%的纤维称为涤纶，剩余部分还有少量单体（1%~3%）和低聚物（齐聚物），聚对苯二甲酸乙二酯的相对分子质量一般控制在18000~25000。涤纶吸湿性差，但是力学性能好，具备易洗快干的特征。如图1-24（a）所示，常规的聚酯纤维表面光滑，横截面接近于圆形。如采用异形喷丝板，可制成多种特殊截面形状的纤维，如三角形、Y形、中空等异形截面丝。如采用改性处理，如图1-24所示，可以赋予涤纶更多的性能。

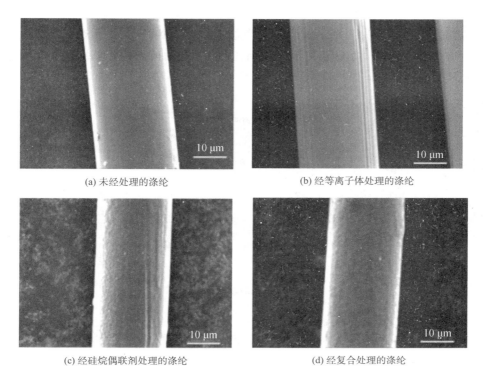

(a) 未经处理的涤纶　　　　　　　　　(b) 经等离子体处理的涤纶

(c) 经硅烷偶联剂处理的涤纶　　　　　(d) 经复合处理的涤纶

图1-24　聚酯纤维微观形貌

聚酯纤维也是水刺非织造材料的一种生产原料。由于聚酯纤维吸湿性较差，因此多与其他纤维混合加工成水刺非织造材料，其目的在于提高产品强力和结构的稳定性。

竹浆纤维是以竹子为原料，经过人工催化处理，将α-纤维素含量在35%左右的竹纤维提高到93%以上，同时采用水解—碱法及多段漂白精制成竹浆粕，再经过纺丝工艺制成纤维，其主要成分为纤维素，是一种再生纤维素纤维。竹浆纤维横向截面布满孔洞，具有优良的吸湿性能，如图1-25所示，纤维纵向截面有多条沟槽，有利于纤维导湿，也有利于纤维之间抱合形成纱线，具有较好的可纺性。

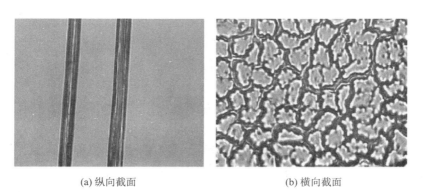

(a) 纵向截面　　　　　　　　　　　(b) 横向截面

图1-25　竹浆纤维微观形貌

聚乳酸纤维具有可再生、成本低、来源广、环保等特点。它是先用玉米、小麦、土豆等淀粉原料制成乳酸，再通过聚合纺丝而得到的纤维，因此又有"玉米纤维"的叫法。聚乳酸纤维是一种原料可种植、易种植，废弃物在自然界中可自然降解的化学纤维。它在土壤或海水中经微生物作用可分解为二氧化碳和水，燃烧时不会散发毒气，不会造成环境污染，是一种可持续发展的生态纤维，具有良好的生物相容性和生物可降解性。如图1-26所示，聚乳酸纤维的横向截面近似圆形，纵向纤维光滑且具有明显斑点。

(a) 横向截面   (b) 纵向截面

图1-26 聚乳酸纤维微观形貌

1.3.5.2 按用途分类

湿巾是一种常见的擦拭非织造布。湿巾的加工工艺包括针刺、水刺、热轧等，主要以水刺为主。通过将消毒液喷洒到非织造布上，可以使非织造布具有消毒、抗菌的功能。

众所周知，医用酒精是医疗中必不可少的消毒用品，传统的使用酒精进行消毒的方法是用棉签或者棉球从酒精瓶中蘸取酒精进行擦拭消毒，由于酒精极易挥发，所以在使用过程中容易造成不必要的浪费。为了减少酒精的不必要的浪费，开始有了酒精棉片。

酒精棉片是一种酒精含量在75%的布片，它具有杀菌、消毒的作用。酒精棉片每一片的尺寸约为60mm×60mm。每一小片经过折叠由铝箔纸独立进行封装，适合外出携带，可用于日常生活消毒。

1.4 防疫类纺织品的防护原理

1.4.1 口罩

口罩的防护能力主要体现在单纤维的过滤与纤维集合体的过滤层面上。

1.4.1.1 单纤维过滤机理

传统的单纤维过滤机理认为：纤维主要通过五种作用来对微米级和亚微米级的颗粒物进行过滤。单纤维过滤机理如图1-27所示。

（1）布朗运动扩散。气溶胶颗粒在布朗运动的作用下，永不停息地做无规则运动。当遇到纤维时，气溶胶颗粒并不是沿着流线方向运动。每一瞬间，每个分子撞击时对小颗粒的冲力大小、方向都不相同，合力大小、方向随时改变，因此气溶胶颗粒会继续扩散。颗粒越小，颗粒的表面积越小，布朗运动越明显，颗粒就越容易被纤维表面吸附。

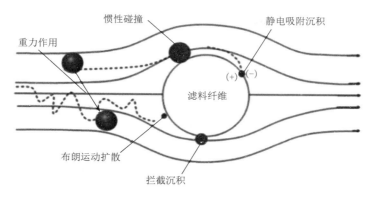

图1-27　单纤维的过滤机理

（2）惯性碰撞。当颗粒随着气流运动到过滤材料表面的弯曲网状通道时，气流与纤维表面发生接触时会改变运动方向，而颗粒由于惯性作用会继续运动，从而撞击纤维，进而由于惯性碰撞被纤维捕获。惯性作用主要取决于颗粒质量和气流速度。颗粒质量越大、气流速度越大，惯性越大，颗粒越容易被纤维捕获。

（3）拦截沉积。随着的气流运动，较大颗粒会被过滤材料的机械筛滤作用截留，粒子直径与滤膜纤维的直径的比率影响拦截效率。

（4）重力作用。在气流速度较低时，质量较大的颗粒会在重力的作用下偏离气体运动路线，进而在纤维上发生沉积。

（5）静电吸附沉积。电中性的微粒由于电泳作用会被带电纤维捕获，而带电微粒由于库仑力和电泳的共同作用而被带电纤维捕获。

单纤维的过滤机理中，布朗运动扩散、惯性碰撞、拦截沉积、重力作用统称为机械过滤作用，这些作用一般与材料的结构相关。实际应用中，由于颗粒尺寸是不同的，因此过滤过程中都是由多种过滤作用协同完成对颗粒的过滤。如图1-28所示，不同尺寸的颗粒物所受到的过滤作用是不同的。当颗粒物直径小于0.3μm时，此时布朗运动扩散与静电吸附沉积起主导作用；当颗粒物粒径为0.3~1μm时，拦截效应起主导作用；当颗粒物粒径为1~10μm时，惯性碰撞作用起主导作用；当颗粒物粒径大于10μm时，重力作用起主导作用。

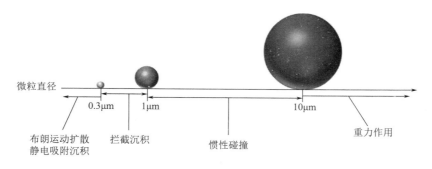

图1-28　不同颗粒直径的颗粒物对应的主要过滤机理

空气中含有各类颗粒物，直径在0.1~10μm的气溶胶粒子对人体健康影响最大，被吸入人体后，存在的毒性物质会对人体健康造成极大损害。因此，对于纤维过滤作用的研究是十分有必要的。

1.4.1.2　纤维集合体过滤机理

　　单根纤维对颗粒物的过滤效果是有限的。通常情况下，为了增强过滤效果，都是将纤维加工成纤维集合体的形式来进行过滤。纤维集合体的过滤效率与单纤维的过滤效率和纤维的排列结构有关。纤维集合体对颗粒物的过滤形式有两种，分别是深层过滤与表面过滤。深层过滤通常使用粗纤维作为过滤介质，孔径分布范围广，颗粒物通过纤维集合体时，大部分能够被过滤材料捕获，适用于简单过滤。表面过滤大部分使用多孔膜材料，适用于拦截大于纤维集合体表面孔径的颗粒物，过滤效果好，但是过滤能力有限，适用于精过滤。

　　在过滤过程中，随着过滤时间的增长，过滤会出现三个阶段，即深层过滤阶段、深层过滤和表面过滤过渡阶段以及表面过滤阶段，过滤过程如图1-29所示。在深层过滤阶段，颗粒物经纤维集合体后，大部分被捕获，此时过滤阻力逐渐上升，但是过滤效率依旧保持高效；随着过滤阻力到达临界点，过滤开始进入深层过滤和表面过滤过渡阶段，此时过滤效率急速降低，纤维集合体内的孔洞基本被颗粒物填充；当纤维集合体内的孔洞完全被填充满之后，进入表面过滤阶段，此时过滤效率最高可达到99.999%。

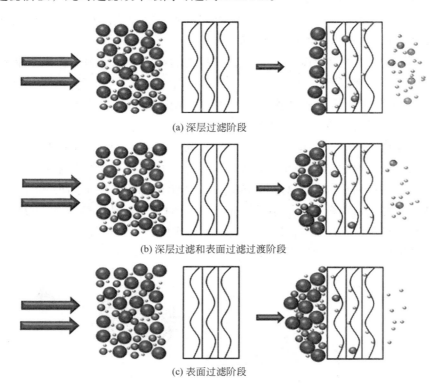

(a) 深层过滤阶段

(b) 深层过滤和表面过滤过渡阶段

(c) 表面过滤阶段

图1-29　纤维集合体过滤过程

1.4.2　医用防护服

　　医用防护服的防护原理可以从微观和宏观两个方面来进行探讨。

　　从微观来说，医用防护服也是一种纤维集合体，符合纤维集合体过滤的所有特征。在过滤阶段同样分为三个阶段，通过不同阶段的过滤作用，将空气中的颗粒物捕获。

从宏观来说，医用防护服主要用于医务人员在接触患者时避免受到血液、体液和其他感染性物质污染，或用于保护患者避免感染的防护用品，是一种双向隔离的功能性服装。

医用防护服必须具备良好的拒水性、拒血液性、拒酒精性和抗静电性（即"三拒一抗"），防护服关键部位静水压应不低于1.67kPa（17cmH$_2$O），防护服抗合成血液穿透性应不低于1.75kPa，防护服的带电量应不大于0.6μC／件，从而为穿着者提供良好的屏障作用，将穿着者与环境中、液体中所携带的病毒和细菌隔开。

1.4.3 一次性医用防护帽

一次性医用防护帽的防护原理与医用防护服的原理一致，见本章1.4.2。

1.4.4 一次性医用防护鞋套

一次性医用防护鞋套的防护原理与医用防护服的原理一致，见本章1.4.2。

1.4.5 即用型消毒湿巾

1.4.5.1 季铵盐消毒剂消毒原理

季铵盐消毒剂是消毒剂中的一个类别，比如洁尔灭（苯扎氯铵）、新洁尔灭（苯扎溴铵）、度米芬（十二烷基二甲基苯氧乙基溴化铵）和一些复合类季铵盐消毒剂等，属于低效消毒剂。近年来，新开发出的双链季铵盐消毒剂杀菌作用比单链季铵盐优越，比如百毒杀、新洁灵等。

季铵盐类消毒剂主要针对以下几种细菌：粪肠球菌、金黄色葡萄球菌、肺炎克雷伯菌、鲍曼不动杆菌、铜绿假单胞菌和肠杆菌。季铵盐化合物分子侧链由于静电作用，能够渗透到细菌细胞膜内区域，最终导致细胞裂解。

相较于单链季铵盐类消毒剂，百毒杀等双链季铵盐类消毒剂具备更强的消毒效果。其原因有两方面，一是该类消毒剂结构中含有两个长链疏水基团，有利于其侵入菌体细胞的类脂层和蛋白质层，导致蛋白质变性；二是该类消毒剂结构中含有两个长链的疏水基团和两个带正电荷的N$^+$，经过诱导作用增加季氮的正电荷密度，增加消毒剂在细菌表面的吸附能力，从而改变细菌细胞膜的渗透性，使菌体破裂。

1.4.5.2 酒精消毒原理

酒精能消毒是因为酒精能够吸收细菌蛋白的水分，使其脱水变性凝固，从而达到杀灭细菌的目的。如果使用75%以上的高浓度酒精进行消毒，高浓度酒精对细菌蛋白的脱水过于迅速，则使得细菌表面蛋白质变性凝固，形成一层坚固的包膜，酒精反而不能很好地渗入细菌内部，以致影响其杀菌能力。75%的酒精与细菌的渗透压相近，可以在细菌表面蛋白未变性前逐渐不断地向菌体内部渗入，使细菌所有蛋白脱水、变性凝固，最终杀死细菌。酒精浓度低于75%时，由于渗透性降低，也会影响杀菌能力。

由此可见，酒精杀菌消毒能力的强弱与其浓度大小有直接的关系，浓度过高或过低都影响实际效果，研究表明，酒精浓度为75%时能达到最好的消毒效果。酒精极易挥发，因此，消毒酒精配好后，应立即置于密封性能良好的瓶中保存、备用，以免因挥发而降低浓度，影响杀菌效果。另外，酒精的刺激性较大，黏膜消毒应忌用。

参考文献

［1］叶芳.口罩分类及原理介绍［J］.标准生活，2016（2）：18-23.

［2］GB/T 20097—2006 防护服一般要求［S］.

［3］YY/T 1642—2019 一次性使用医用防护帽［S］.

［4］YY/T 1633—2019 一次性使用医用防护鞋套［S］.

［5］杨杰.口罩的历史［J］.世界环境，2019（4）：8.

［6］Hayden M K，Bonten M J M，Blom D W，et al. Reduction in Acquisition of Vancomycin-Resistant Enterococcus after Enforcement of Routine Environmental Cleaning Measures［J］. Clinical Infectious Diseases，2006，42（11）：1552-1560.

［7］欧阳晓黎.口罩从历史中来［J］.中国保健营养，2013（5）：82-83.

［8］于燕华，靳海龙，王翠芝.如何正确选择和使用医用口罩［J］.结核病与胸部肿瘤，2011（3）：212-214.

［9］张星，刘金鑫，张海峰，等.防护口罩用非织造滤料的制备技术与研究现状［J］.纺织学报，2020，41（3）：168-174.

［10］Troynikov O，Nawaz N，Watson C . Medical protective clothing［J］. Protective Clothing，2014，20（6）：192-224.

［11］李汉堂.防护服的发展及发展趋势［J］.现代橡胶技术，2019（5）：1-11.

［12］Troynikov O，Nawaz N，Watson C . Medical protective clothing［J］. Protective Clothing，2014，20（6）：192-224.

［13］Yang M，Pan J，Xu A，et al. Conductive cotton fabrics for motion sensing and heating applications［J］. Polymers，2018，10（6）：568.

［14］连文伟，张劲，李明福，等.新黏胶纤维的结构与吸湿性能研究［J］.产业用纺织品，2013，31（12）：20-25.

［15］邵灵达，申晓，金肖克，等.涤纶纤维表面复合改性对其亲水性的影响［J］.丝绸，2020，57（2）：19-24.

［16］赵博，李虹，石陶然.竹纤维基本特性研究［J］.纺织学报，2004（6）：100-101.

［17］Ma S B，Wu P Y . Identification and performance analysis of bamboo pulp fiber and viscose fiber［J］. Wool Textile Journal，2010.

［18］孙居娟，田俊莹，顾振亚.竹原纤维与竹浆纤维结构和热性能的比较［J］.天津工业大学学报，2006，25（6）：37-40.

［19］白琼琼，文美莲，李增俊，等.聚乳酸纤维的国内外研发现状及发展方向［J］.毛纺科技，2017，45（2）：64-68.

［20］朱力，刘颖.卫生湿巾安全及质量综合性评价［J］.中国卫生产业，2019，16（4）：151-152.

［21］张宇晔，高静，黄世昌，等.一种季铵盐消毒巾对物体表面滞留消毒效果研究［J］.中国消毒学杂志，2019，36（5）：397-399.

［22］Tavanaie M A . Melt Recycling of Poly（lactic Acid）Plastic Wastes to Produce Biodegradable Fibers ［J］. Polymer–Plastics Technology and Engineering，2014，53（7）：742–751.

［23］GB 19083—2010 医用防护口罩技术要求 ［S］.

［24］YY/T 0469—2011 医用外科口罩 ［S］.

［25］YY/T 0969—2013 一次性使用医用口罩 ［S］.

［26］GB/T 32610—2016 日常防护型口罩技术规范 ［S］.

［27］GB 2626—2019 呼吸防护 自吸过滤式防颗粒物呼吸器 ［S］.

第2章 国内外防疫类纺织品技术法规及标准概况

技术法规在经济和社会发展、对外贸易和保护国家利益方面都发挥了重要的作用，随着经济全球化和贸易自由化进程的加快，技术法规的影响和作用越来越大。北美、欧盟和日本等是世界上技术法规较为完善的国家和地区，这些国家和地区也是我国防疫类纺织品的主要出口地，了解国内外防疫类纺织品的技术法规及标准对我国纺织品行业的发展具有十分重要的意义。本章主要介绍国内外防疫类纺织品技术法规及标准，并对其进行比较分析。

2.1 国内外口罩的相关技术法规及标准

2.1.1 国内口罩的相关技术法规及标准

我国关于口罩产品主要有11项标准，有两项属于儿童口罩标准。现行的主要有医用口罩标准GB 19083—2010《医用防护口罩技术要求》、YY 0469—2011《医用外科口罩》、YY/T 0969—2013《一次性使用医用口罩》、GB 2626—2019《呼吸防护 自吸过滤式防颗粒物呼吸器》；民用成人口罩标准GB/T 32610—2016《日常防护型口罩技术规范》，团体标准T/CNTAC 55—2020《民用卫生口罩》、T/CTCA 1—2019《PM2.5防护口罩》、T/CTCA 7—2019《普通防护口罩》；儿童口罩标准T/GDMDMA 0005—2020《一次性使用儿童口罩》、T/ZFB 0004—2020《儿童口罩》。

2.1.1.1 医用口罩

GB 19083—2010属于强制性国家标准，其制定源于2003年的SARS，人们发现医用防护口罩能更好地防御SARS，因此其2003版标准要求颗粒过滤效率≥95%。2010版新标准对口罩的过滤效率要求更详细，对其进行等级划分，分为1级、2级、3级，相对应的过滤效率分别为≥95%、≥99%和≥99.97%；并且2010版修改了标准的适用范围，规定了医用防护口罩的技术要求、试验方法、标志与使用说明及包装、运输和贮存，适用于病原传播性强、极需防护的医疗工作环境下，过滤空气中的颗粒物，阻隔飞沫、血液、体液、分泌物等的自吸过滤式医用防护口罩。标准中口罩的检测项目是口罩基本要求、标志和使用说明、鼻夹、口罩带、过滤效率、气流阻力、合成血液穿透、表面抗湿性、微生物指标、环氧乙烷残留物、密合性和阻燃性能等。

YY 0469—2011为医药行业的强制性行业标准，符合该标准的口罩通常被称为医用外科口罩。该标准规定了医用外科口罩的技术要求、试验方法、标志与使用说明及包装、运输和贮存，适用于由临床医务人员在有创操作等过程中所佩戴的一次性口罩。该标准中口罩的检测项目是外观、结构与尺寸、鼻夹、口罩带、合成血液穿透试验、颗粒过滤效率、细菌过滤效率、阻燃性能、压力差、微生物指标、环氧乙烷残留量、标志等。

YY/T 0969—2013也是医药行业的行业标准，但不是强制性标准，符合这个标准的口罩通常被称为普通医用口罩。该标准规定了一次性使用医用口罩的要求、试验方法、标志、使用说明书及包装、运输和贮存，适用于覆盖使用者的口、鼻及下颌，用于普通医疗环境中佩戴、阻隔口腔和鼻腔呼出或喷出污染物的一次性使用口罩，不适用于医用防护口罩、医用外科口罩。该标准中口罩的检测项目是外观、结构与尺寸、鼻夹、口罩带、细菌过滤效率、微生物指标、通气阻力、环氧乙烷残留量、最小包装标志、使用说明书等。

GB 2626—2019属于强制性国家标准，该标准规定了自吸过滤式防颗粒物呼吸器的分类和标记、技术要求、检测方法和标识，适用于防护颗粒物的自吸过滤式呼吸器，不适用于防护有害气体和蒸气的呼吸器，也不适用于缺氧环境、水下作业、逃生和消防用呼吸器，该标准对面罩的分类更加符合高浓度粉尘作业场所的需要，并与国际通用的面罩分类相一致。

2.1.1.2 民用成人口罩

GB/T 32610—2016是我国首个民用防护口罩国家标准，属于推荐性标准。该标准规定了日常防护型口罩的安全性能指标、卫生性能指标和防护性能指标，适用于在日常生活中空气污染环境下滤除颗粒物所佩戴的防护型口罩，不适用于缺氧环境、水下作业、逃生、消防、医用及工业防尘等特殊行业用呼吸防护用品，也不适用于婴幼儿、儿童呼吸防护用品。该标准中口罩的检测项目是外观检查、耐摩擦色牢度、甲醛含量、pH、可分解致癌芳香胺染料、口罩带及口罩带与口罩体的连接处断裂强力、吸气阻力、呼气阻力、呼气阀盖牢度、微生物指标、环氧乙烷残留量、过滤效率、视野等。

T/CNTAC 55—2020是根据中国纺织工业联合会和中国产业用纺织品行业协会下达的标准制定计划进行编制。该标准是由中国产业用纺织品行业协会负责牵头起草、中国纺织工业联合会标准化技术委员会和中国产业用纺织品行业协会标准化技术委员会共同归口管理的团体标准。该标准规定了民用卫生口罩的术语和定义、分类与规格、要求、试验方法、检验规则、标识、包装和储运，适用于日常环境中普通人群用于阻隔飞沫、花粉、微生物等颗粒物传播的民用卫生口罩，不适用于年龄在36个月及以下的婴幼儿。该标准的主要创新点或先进性有：

（1）该标准将口罩规格分为成人和儿童两类，并分别给出了相应的指标要求，满足了当前民用成人口罩和儿童口罩市场的标准急需。

（2）口罩内在质量核心指标——细菌过滤效率和颗粒物过滤效率，对比YY 0469—2011医用外科口罩有所提升，成人用口罩材料的通气阻力与YY 0469—2011、EN 14683:2019和ASTM F2100:2019基本保持一致；考虑现有过滤材料技术水平、市场需求和儿童体质特征，大幅降低了儿童口罩所用材料的通气阻力指标。指标设置既符合当前口罩材料的技术水平，又保障了口罩具备较好的阻隔性和舒适性。

（3）对比YY 0469—2011等标准，该标准对纺织品色牢度、甲醛、pH、可分解致癌芳香胺染料等安全性能进行了规定。该标准引用现行国家标准和行业标准的相关内容，可操作性强、市场采纳程度高，能够满足该标准的测试需要，相关企业和检测机构可以快速使用。

T/CTCA 1—2019团体标准是业内首个PM2.5防护口罩参照指标最全的标准。该标准对部分测试技术参数进行了优化，比如，在国家标准GB 2626—2019中，"NaCl颗粒物过滤效率检测系统"部分的主要技术参数规定"NaCl颗粒物的浓度不超过 200mg/m³"。但对于PM2.5防护口罩而言，即使在空气严重污染时，空气中的粒子浓度一般也小于1mg/m³，因而用如此高的颗粒浓度进行测试不再适用。此外，新标准在总泄漏率、口罩系带与主体连接力、死腔等技术指标上，沿用了国家标准GB 2626—2019的相关规定。

T/CTCA 7—2019团体标准规定了普通防护口罩的术语和定义、基本要求、技术要求、试验方法、检验规则、标志、标签、包装、运输和贮存。该标准适用于在日常生活中滤除花粉、柳絮、细菌颗粒物和阻隔鼻腔或口腔呼出或喷出污染物所佩戴的防护型口罩，适用于一次性平面口罩、纱布口罩、时尚口罩等一般防护口罩，不适用于缺氧环境、水下作业、逃生、消防、医用及工业等特殊行业呼吸防护用品，也不适用于婴幼儿呼吸防护用品。该标准是在目前国内主要执行GB 2626—2019和GB/T 32610—2016以外一个可选择的产品标准，在适用领域上填补了上述标准的空白。

2.1.1.3　儿童口罩

T/GDMDMA 0005—2020团体标准规定了一次性使用儿童口罩的分类、要求、试验方法、标识、说明书、包装和运输，适用于日常环境中3~14周岁儿童佩戴、阻隔口腔和鼻腔呼出或喷出污染物的一次性使用口罩，不适用于有呼吸阀的口罩。该标准根据儿童口罩的实际使用情况，精准制定口罩外观尺寸、鼻夹结构、过滤效率、微生物指标、生物学评价等相关性能指标。具有六大特点：

（1）安全性更强。该标准以医用口罩的安全性能要求为基础，要求儿童口罩的主要性能高于医用口罩标准。

（2）指标更先进。如标准规定颗粒过滤效率由医用外科口罩的30%提高到80%。同时，针对采用印花工艺等使用涂料、染料的口罩，增加了甲醛含量（≤20mg/kg）和pH（4.0~7.5）的要求。

（3）舒适度更高。该标准考虑到儿童肺活量普遍低于成人，但通气阻力过低又会影响口罩的过滤效率等实际，在保证安全性的前提下，起草组参考国际和国内标准以及行业现状，科学确定了通气阻力和过滤效率的指标。

（4）内容更适用。该标准根据儿童脸型特点，提供了大童小童两个推荐规格（14.0cm×9.0cm和12.0cm×7.0cm），方便选用更适合不同儿童佩戴的口罩。同时，根据广东产业现实发展水平等实际，并没有盲目追求指标虚高，而是结合口罩的佩戴安全性和技术可行性，全面考虑了儿童口罩生产链的设备、技术能力、工艺水平、原材料、成型、质量管控等各个环节，利于产业链企业协同合作，在保障产品质量的前提下，有效提升口罩的产量。

（5）产业链更协同。部分口罩机生产厂家表示，按照以上推荐规格，只需对口罩机部分配件稍作调整就可以马上投产，确保市场供给。

（6）设计更人性化。市场调查表明，由于儿童不习惯佩戴口罩，在口罩的外观、颜色、图案上作个性化、时尚化调整，是吸引儿童乐意佩戴和简易识别口罩内外层的有效方法。为此，该标准鼓励生产企业在口罩外层增加图案、调整颜色，以增加吸引力。部分医疗用品企业表示，该标准条款的研制，有助于推动企业生产更多适合小朋友佩戴的款式，促使小朋友从此"爱戴"口罩。

T/ZFB 0004—2020团体标准规定了儿童口罩的术语与定义、分类、技术要求、检测方法、检验规则、包装、标识和储运要求。该标准适用于3~14周岁儿童佩戴的用于普通环境中滤除颗粒污染物的口罩，不适用于缺氧环境，不适用于防护有害气体和蒸气的口罩，也不适用于逃生和消防用口罩。针对儿童特点，共提出了基本要求、外观要求、内在质量要求、微生物指标、实用性能五大方面的技术要求。技术指标设置的考量如下：

（1）守住儿童安全底线。对口罩的原材料、结构设计、附件、环氧乙烷残留、纺织产品安全性（甲醛、色牢度、禁用染料等）、微生物指标进行严格要求。

（2）建立儿童保护防线。提出口罩应采用鼻夹或通过结构设计优化提升密合性，同时依据儿童呼吸流量特点，设置在30L/min测试流量下，过滤效率要求≥90%，具有较高的防护效果，统一了儿童口罩有效防护的指标要求。

（3）着眼儿童健康发展。针对儿童心肺功能较弱的特征，在确保达到90%过滤效率的前提下，将儿童通气阻力从成人的≤49Pa/cm²设定为≤30Pa/cm²，提升呼吸舒适性。

（4）保障实用舒适性。创新引入主观评价的方法。要求企业在儿童口罩批量上市前，对佩戴舒适性进行主观评价试验并形成评价报告。

（5）保证口罩产能。标准指标经过数据验证和评估，过滤材料和口罩生产企业的工艺条件可满足标准要求。有20多家企业申请成为该标准参与起草单位，可形成儿童口罩产能。

2.1.2 国外口罩相关技术法规及标准

2.1.2.1 美国

美国国家职业安全卫生研究所（Notional Insistute for Occupational Safety and Health，NIOSH），是由美国卫生、教育和福利部根据美国职业安全法于1971年组建的。其宗旨是修订和制定新的职业安全卫生标准，培训职业安全卫生专业人员。粉尘类呼吸防护标准NOISH-42 CFR Part84根据滤料将口罩分为N、R、P3个系列。

（1）N系列。N代表not resistant to oil，可用于防护非油性悬浮颗粒，一般非油性颗粒物指煤尘、水泥尘、酸雾、微生物等，说话或咳嗽产生的飞沫也是非油性悬浮颗粒，该口罩无时间限制（如N95、N92、N75型口罩，都是活性炭过滤的医用口罩）；

（2）R系列。R代表resistant to oil，可用于防护非油性悬浮颗粒及含油性悬浮颗粒，时限8h（如R系列防尘口罩）；

（3）P系列。P代表oil proof，可用来防护非油性悬浮颗粒及含油性悬浮颗粒，无时限。有些颗粒物的载体是油性时，而这些物质附在静电非织造布上会降低电性，使细小粉尘穿透，因此对于防含油气溶胶的滤料要经过特殊的静电处理，以达到防细小粉尘的目的。

根据呼吸口罩的最低粒子过滤效率，N、R、P每个系列又划分出了3个等级，组合起来就包括N100、N99、N95、R100、R99、R95、P100、P99、P95，共9类，见表2-1。

表2-1 不同等级代表的最低粒子过滤效率

100等级	表示最低粒子过滤效率为99.97%
99等级	表示最低粒子过滤效率为99%
95等级	表示最低粒子过滤效率为95%

美国材料实验协会（American Society for Testing Materials，ASTM）是美国负责材料测试及标准制定的学术机构，作为当今世界上最有影响力的非营利性标准学术组织，ASTM依靠志愿者的共同参与，组成技术委员会并起草标准。

关于医用口罩标准有ASTM F2100:2019《医用口罩用材料性能的标准规范》、ASTM F1862/F1862M:2017《医用口罩抗合成血液穿透的标准试验方法（已知速度固定容积的水平投影）》、ASTM F2101:2019《用金黄色葡萄球菌生物气溶胶评价医用口罩材料的细菌过滤效率（BFE）的标准试验方法》、ASTM F2299/F2299M:2003（2017）《用乳胶球测定医用口罩材料被微粒渗透的初始效率的标准试验方法》等。

ASTM F2100:2019涵盖了用于构建医疗口罩的材料的测试和要求，这些材料用于提供医疗保健服务，例如手术和患者护理。该技术规范规定了医用口罩材料性能的分类，医用口罩材料的性能基于细菌过滤效率、压力差、亚微米颗粒过滤效率、对合成血液渗透的抵抗力和可燃性的测试，但该技术规范未包括医用口罩设计和性能的所有方面，并未具体评估与防护和透气性相关的医用口罩设计的有效性。

ASTM F1862/F1862M:2017用于评估医用口罩在小体积（≤2mL）高速合成血液流的冲击下的抗穿透性。医用口罩是否合格的判定是基于合成血液渗透的视觉检测。该试验方法主要涉及医用口罩所用材料或某些材料结构的性能，不涉及医用口罩的设计、结构、接口或其他可能影响医用口罩提供的整体保护及其操作（如过滤效率和压降）的因素的性能，也不涉及医用口罩材料的透气性或影响医用口罩呼吸舒适性的任何其他性能。该试验方法未评估医用口罩在空气暴露途径中的性能或沉积在医用口罩上的雾化体液的防渗透性能。

ASTM F2101:2019用于测量医用口罩材料的细菌过滤效率（BFE），利用上游细菌悬液与下游残留浓度的比值来确定医用口罩材料的过滤效率。该试验方法是一种定量方法，可对医用口罩材料的过滤效率进行测定，该方法测定的最大过滤效率为99.9%。该测试方法不适用于所有形式或条件的生物气溶胶暴露，如果需要为佩戴者提供呼吸保护，应使用NIOSH认证的呼吸器。针对特定医用口罩材料进行的相对较高的细菌过滤效率测试，并不能确保佩戴者免受生物气溶胶的侵害，因为该测试方法主要评估的是医用口罩制造过程中使用的复合材料的性能，而不是其设计或面部的密封性。该测试方法不涉及医用口罩材料的透气性或任何其他影响医用口罩材料呼吸舒适度的性能，可用于测量其他多孔医疗产品（如手术服、手术单和无菌屏障系统）的细菌过滤效率。

ASTM F2299/F2299M:2003（2017）建立了使用单分散气雾剂测量医用口罩中材料的初始颗粒过滤效率的程序。该测试方法使用的光散射粒子计数范围为0.1～5.0μm，气流测试速度为0.5～25cm/s。该测试程序是通过比较进料流（上游）和滤液（下游）中的颗粒数来测量过滤效率。但该测试方法未评估医用口罩在防止有害颗粒向内泄漏方面的整体有效性。在该测试中，未评估医用口罩的设计以及医用口罩相对于佩戴者面部的密封完整性。该测试方法不适用于评估防护服中使用的材料以确定其对颗粒物危害的有效性。

2.1.2.2 欧盟

欧盟对于口罩认证的标准有EN 136、EN 140、EN 143、EN 149、EN 529、EN 12942、EN 14387等；其中EN 149使用得比较多，该欧洲标准规定了过滤半面罩作为呼吸防护用品的最低要求，以防止微粒逸出（除了逃生目的），包括实验室和实际性能测试，用于评估是否符合要求。过滤半面罩根据其过滤效率和最大总向内泄漏进行分类，分为三个等级：FFP1，FFP2和FFP3，FFP1最低过滤效率≥80%，FFP2最低过滤效率≥94%，FFP3最低过滤效率≥99%。该标准的呼吸阻力适用于带阀和无阀颗粒过滤半面罩，并应满足表2-2的要求。

表2-2　EN 149呼吸阻力要求

分类	最大允许阻力/mbar[①]		呼气
	吸气		
	检测流量30L/min	检测流量95L/min	检测流量160L/min
FFP1	≤0.6	≤2.1	≤3.0
FFP2	≤0.7	≤2.4	≤3.0
FFP3	≤1.0	≤3.0	≤3.0

　①1mbar=0.001bar=100Pa。

欧盟医用口罩标准有EN 14683:2019《医用口罩：要求和试验方法》，该标准规定了医用口罩的结构、设计、性能要求和测试方法，目的是限制外科手术期间感染剂从患者传播到医务人员，该欧洲标准不适用于专门用于个人防护的口罩。医用口罩适用于在手术室、卫生保健场所等环境中，旨在保护整个工作环境。根据细菌过滤效率，该欧洲标准规定医用口罩分为两种类型（Ⅰ型和Ⅱ型），Ⅰ型口罩适合患者使用，以减少感染的风险，特别是在易流行或易感染的情况下，Ⅱ型口罩主要供医疗保健专业人员在手术室或其他类似的医疗环境中使用，其中ⅡR型口罩是根据是否耐溅水进一步划分的，"R"表示防溅水。该标准中医用口罩的性能要求如表2-3所示。

表2-3　EN 14683:2019医用口罩的性能要求

医用口罩类型	Ⅰ型	Ⅱ型	ⅡR型
细菌过滤效率（BFE）/%	≥95	≥98	≥98
压力差/（Pa/cm²）	<40	<40	<60
抗合成血液穿透/kPa	没要求	没要求	≥16.0
生物负载/（CFU/g）	≤30	≤30	≤30

2.1.2.3　其他

AS/NZS 1716:2012《呼吸防护装置》是澳大利亚和新西兰的呼吸保护装置标准，该标准的目的是提供在制造呼吸防护装置（呼吸器）时要遵守的最低性能要求和测试标准，旨在根据类型提供不同程度的防护，以防止吸入可能含有有害物质的气体，但不包括如何选择、使用和维护口罩，该标准不适用于飞机上、水下作业或是逃生用等呼吸防护用品。该标准根据过滤效率，将颗粒过滤器分为三类：P1适用于工业中常见的机械产生的颗粒，P2适用于机械和热产生的微粒，P3适用于所有颗粒物，包括剧毒物质。P1的过滤效率>80%，P2的过滤效率>94%，P3的过滤效率>99.95%。

AS 4381:2015《卫生保健用一次性口罩》是澳大利亚医用口罩标准，该标准规定了卫生保健中使用的一次性口罩的要求，这些口罩需要符合本标准规定的卫生保健中使用的一次性口罩的要求，才能将卫生保健工作者和患者之间的交叉污染降到最低限度。该口罩用于外科、医疗和牙科手术，它们是个人防护装备（PPE）的一部分，用于减少黏膜接触感染性微生物飞沫的风险。该标准将医用口罩分为三类：Level 1、Level 2、Level 3。Level 1适用于一般用途的医疗程序，佩戴者不存在血液或体液飞溅的风险，或保护工作人员和/或患者免受液滴接触微生物的伤害；Level 2适用于急诊科、牙科；Level 3适用于所有外科手术、重大创伤急救或卫生保健工作人员有暴露于血液或体液飞溅风险的领域（例如骨科、心血管手术）。

2.1.3　国内外医用口罩相关标准对比

2.1.3.1　适用范围

由于口罩不同的适用场景，标准的适用范围也有所不同。国内外主要医用口罩标准的具体适用范围对比见表2-4。

表2-4　国内外医用口罩标准适用范围对比

标准	标准适用范围
GB 19083—2010	适用于医疗工作环境下，过滤空气中的颗粒物，阻隔飞沫、血液、体液、分泌物等的自吸过滤式医用防护口罩
YY 0469—2011	适用于由临床医务人员在有创操作等过程中所佩戴的一次性口罩
YY/T 0969—2013	适用于普通医疗环境中佩戴、阻隔口腔和鼻腔呼出或喷出污染物的一次性使用口罩，不适用于医用防护口罩、医用外科口罩
ASTM F2100:2019	适用于测量医用口罩材料的细菌过滤效率（BFE），采用上游细菌与下游残留浓度之比来确定过滤效率，不适用于所有形式或条件的生物气溶胶暴露
EN 14683:2019	适用于手术室、卫生保健场所等相似环境下，不适用于仅用于个人防护的口罩
AS 4381:2015	适用于外科、医疗和牙科手术用口罩

2.1.3.2　指标与测试方法

（1）考核指标对比。由于医用口罩标准的适用范围不同，应用场景也有所不同，其设定的考核指标不同，防护等级不同。有关医用口罩标准的具体考核指标对比见表2-5。

表2-5　国内外医用口罩考核指标对比

项目	具体考核的指标					
	GB 19803—2010	YY 0469—2011	YY/T 0969—2013	ASTM F2100:2019	EN 14683:2019	AS 4381:2015
外观结构	口罩基本要求	外观	外观	—	材料和结构	材料和结构
		结构与尺寸	结构与尺寸		设计	设计
耐用性	鼻夹	鼻夹	鼻夹	—	—	耐穿透力
	口罩带	口罩带	口罩带			
舒适性	气流阻力	压力差	通气阻力	压力差	透气性（压力差）	透气性（压力差）
毒理性	皮肤刺激性	皮肤刺激性	皮肤刺激性	—	生物相容性	—
	—	细胞毒性	细胞毒性			
	—	迟发型超敏反应	迟发型超敏反应			

项目	具体考核的指标					
	GB 19803—2010	YY 0469—2011	YY/T 0969—2013	ASTM F2100:2019	EN 14683:2019	AS 4381:2015
卫生性	微生物指标	微生物指标	微生物指标	—	微生物洁净（生物负载）	—
	环氧乙烷残留量	环氧乙烷残留量	环氧乙烷残留量			
防血防水	合成血液穿透	合成血液穿透	—	合成血液穿透	合成血液穿透	合成血液渗透
	表面抗湿性	表面抗湿性	—			
过滤防护	过滤效率（非油性）	过滤效率（非油性）	—	0.1μm的亚微米颗粒过滤效率	细菌过滤效率	过滤效率
	—	细菌过滤效率	细菌过滤效率	细菌过滤效率		
	密合性	—	—		防飞溅性	
特殊指标	阻燃性能	阻燃性能	—	可燃性	—	—
标识	包装标志	包装标志	包装标志	—	标记、标签和包装	包装标志

（2）外观结构要求对比。在外观结构方面的考核要求对比和分析见表2-6。

表2-6　国内外医用口罩外观结构考核指标对比

考核指标	GB 19803—2010	YY 0469—2011	YY/T 0969—2013	ASTM F2100:2019	EN 14683:2019	AS 4381:2015
口罩基本要求、外观、结构与尺寸、鼻夹	口罩基本要求：医用防护口罩应覆盖佩戴者的口鼻部，应有良好的面部密合性，表面不得有破洞、污渍，不应有呼吸阀 鼻夹：口罩上应配有鼻夹、鼻夹应具有可调节性	外观、结构与尺寸：医用外科口罩应整洁、形状完好，表面不得有破损、污渍，口罩佩戴后，应能罩住佩戴者的鼻、口至下颌。应符合标识的设计尺寸及允差 鼻夹：口罩上应配有鼻夹、鼻夹有可塑性材料制成。鼻夹长度不应小于8.0cm	外观、结构与尺寸：医用外科口罩应整洁、形状完好，表面不得有破损、污渍，口罩佩戴后，应能罩住佩戴者的鼻、口至下颌。应符合标识的设计尺寸及允差 鼻夹：口罩上应配有鼻夹、鼻夹有可塑性材料制成。鼻夹长度不应小于8.0cm	—	在预定使用期间，医用口罩不得崩解、分裂或撕裂。在选择过滤器和层材料时，应注意清洁度。医用口罩应具有不同的形状和构造，以及其他功能，例如带有或不带有防雾功能的口罩（用于保护佩戴者免受飞溅和液滴的侵害）或鼻梁（通过符合鼻子轮廓来增强贴合性）	口罩材料与皮肤接触应该是不着色的，柔软有弹性，并且不会引起皮肤刺激，不应崩解、分裂或撕裂。口罩在整个使用过程中应保持其完整性和透气性。口罩的制造应遵循AS ISO 13485规定的质量体系或等效要求

（3）舒适性要求对比。舒适性是人的主观感受，是较难客观评价的一个指标，其影响因素多且因人而异，结果差距较大。为满足大多数人的穿戴感受，标准以气流阻力或压力差、通气阻力为指标，较为简单地模拟了呼吸舒适性。一般来讲，气流阻力越大、压力差或通气阻力越大，佩戴口罩后呼吸就越困难，舒适感就越差。医用口罩在舒适性方面的考核要求对比和分析见表2-7。

表2-7　国内外医用口罩舒适性要求对比与分析

考核指标	GB 19803—2010	YY 0469—2011	YY/T 0629—2013	ASTM F2100:2019	EN 14683:2019	AS 4381:2015
气流阻力	在气流量为85L/min情况下，吸气阻力不得超过343.2Pa（35mm H_2O）	—	—	—	—	—
压力差	—	口罩两侧面气体交换的压力差不大于49Pa/cm²	—	1级防护：<5mm H_2O/cm² 2级防护：<6mm H_2O/cm² 3级防护：<6mm H_2O/cm²	—	—
通气阻力	—	—	口罩两侧面气体交换的压力差不大于49Pa/cm²	—	—	—
透气性	—	—	—	—	Type I：<40Pa/cm² Type II：<40Pa/cm² Type IIR：<60Pa/cm²	Level 1：<4mm H_2O/cm² Level 2：<5mm H_2O/cm² Level 3：<5mm H_2O/cm²

注　压力差、通气阻力、气流阻力和透气性，虽然名称不同，但从试验方法上来看，是一样的指标，只是叫法不同而已。但压力差考核的是3个样品的平均值，平均值符合则产品合格，而通气阻力考核的也是3个样品，但要求每个样品均符合产品才合格。而且AS 4381:2015压力差是根据EN 14683:2014附录C来测试的。

（4）防血防水性能要求对比。毒理性和卫生（微生物）方面，这6个标准给出了相应规定，考核内容基本一致。针对产品标识非无菌和无菌两类，微生物指标还应按照标准要求的具体条件测试，以满足医用卫生要求。其中，环氧乙烷残留量仅考核标识经过环氧乙烷灭菌的无菌口罩。

由于医用防护口罩、医用外科口罩的使用场景可能在有创操作的手术室接触血液，因此对这两类口罩的防血性能进行了考核。而医用普通口罩一般不适用于血液喷溅的环境，因此不考核防血性能。医用口罩在防血防水方面的考核要求对比见表2-8。

表2-8　国内外医用口罩防血防水性能要求对比

项目	GB 19803—2010	YY 0469—2011	ASTM F2100:2019	EN 14683:2019	AS 4381:2015
抗血液穿透	2mL合成血液以10.7kPa（80mmHg）压力喷向口罩，口罩内侧不应出现渗透	2mL合成血液以16kPa（120mmHg）压力喷向口罩，口罩内侧不应出现渗透	抵抗合成血液的渗透，通过结果的最小压力：Level 1：80mmHg Level 2：120mmHg Level 3：160mmHg	抗合成血液穿透 Type I：没要求 Type II：没要求 Type IIR：≥16kPa	抗合成血液穿透 Level 1：80mmHg Level 2：120mmHg Level 3：160mmHg
表面抗湿性	不低于GB/T 4745—2012《纺织品防水性能的检测和评价沾水法》中3级	—	—	—	—

（5）过滤防护要求对比。医用口罩在过滤防护方面的考核要求对比见表2-9。颗粒过滤效率是考核口罩防护性能中最重要的指标。颗粒过滤效率越高，说明口罩材质阻隔的污染源越多。过滤效果再高，若佩戴不合适，口罩与面部结合不密切，含有病原体的空气会不经口罩过滤直接进入口罩内部造成感染。因此，密合性也是口罩防护效果的一个重要指标。GB 19083—2010对口罩的密合性进行了考核。

表2-9　国内外医用口罩过滤防护要求对比

考核指标		GB 19803—2010	YY 0469—2011	YY/T 0969—2013	ASTM F2100:2019	EN 14683:2019	AS 4381:2015
密合性		口罩设计应提供良好的密合性，总适合因数应不低于100	—	—	—	—	—
过滤效率	颗粒过滤效率	1级过滤效率≥95.00% 2级过滤效率≥99.00% 3级过滤效率≥99.97%	过滤效率≥30.00%	—	—	—	—
	细菌过滤效率	—	过滤效率≥95.00%	过滤效率≥95.00%	1级防护过滤效率≥95% 2级防护过滤效率≥98% 3级防护过滤效率≥98%	Type Ⅰ过滤效率≥95% Type Ⅱ过滤效率≥98% Type ⅡR过滤效率≥98%	Level 1过滤效率≥95% Level 2过滤效率≥98% Level 3过滤效率≥98%
	亚微米颗粒过滤效率	—	—	—	1级防护过滤效率≥95% 2级防护过滤效率≥98% 3级防护过滤效率≥98%	—	—

2.2　国内外防护服相关技术法规及标准

2.2.1　国内防护服相关技术法规及标准

我国有关防护服的标准仅有14个，其中8个是产品标准，3个是技术要求标准，1个号型标准和2个检测方法标准。针对不同种类的医用防护服装建立不同的评价标准。目前在检测行业防护服装主要运用的标准有9项，如表2-10所示。

表2-10　检测行业现行防护服装的标准

标准号	标准名称
GB 19082—2009	医用一次性防护服技术要求
GB/T 20097—2006	防护服　一般要求
GB/T 38462—2020	纺织品　隔离衣用非织造布
YY/T 0506系列	病人、医护人员和器械用手术单、手术衣和洁净服系列
YY/T 1498—2016	医用防护服的选用评估指南
YY/T 1499—2016	医用防护服的液体阻隔性能和分级
CNS 14798—2004	抛弃式医用防护衣　性能要求
T/CTES 1013—2019	医用防护类服装、隔离类用单分级和性能技术规范

GB 19082—2009规定了医用一次性防护服的要求、试验方法、标志、使用说明、包装和贮存等内容，该标准适用于为医务人员在工作时接触具有潜在感染性的患者血液、体液、分泌物、空气中的颗粒等提供阻隔、防护作用的医用一次性防护服。GB 19082—2009虽制定较晚，但该标准测试项目较为全面，对皮肤刺激性、阻燃性能和环氧乙烷残留量率先做出规定，存在的问题是对高性能的测试项目未涉及。

GB/T 20097—2006规定了防护服的人类工效学、老化、尺寸、标识方面的一般要求和建议，并规定了生产厂商应提供信息，适用于防护服的一般要求。

GB/T 38462—2020规定了隔离衣用非织造布的产品分级、技术要求、试验方法、检验规则、包装、标志和储运，适用于医护及探视人员穿用的一次性隔离衣用非织造布。

YY/T 0506系列共含8个部分，该标准参照EN 13795进行修改和制定，共历时11年。

YY/T 1498—2016给出了关于防护服材料的类型、安全和性能指标、防护服产品的评价和选择、根据特定的医护程序选择防护等级的指导原则以及防护服的维护和处理的指南。本标准不可能涵盖医疗机构在选择防护服产品时所必须的所有技术信息，也不宜作为医用防护服产品的评价标准。

YY/T 1499—2016规定了医用防护服液体阻隔性能的分级和相关的标识要求，适用于标示有液体阻隔性能或液生微生物阻隔性能的防护服，不适用于医护人员使用的其他防护用具，例如，未标示或不用于液体或微生物阻隔的防护用具（如射线防护服）；处理危险化学品、化疗药物或危险废弃物使用的用具或设备，不适用于防护固体颗粒或固态微生物穿透的医用防护服。本标准不涉及医疗机构正确处理或处置可重复使用的医用防护服的导则。

CNS 14798—2004标准适用于一次性医用防护衣，不适用于手术衣，具体的测试项目和测试指标均在该标准中给出。

T/CTES 1013—2019规定了医用防护类和隔离类用单的分级、性能的最低要求、试验方法、标志、包装、运输和贮存。该标准适用于为医务人员在工作时接触具有潜在感染性患者的血液、体液、分泌物、空气中的气溶胶颗粒物等提供阻隔、防护作用的防护类服装和隔离类用单。不适用于手部的防护，如手术手套、检查手套和其他医用手套；不适用于脸部、眼睛部位的防护，如面罩、手术口罩和眼罩；不适用于脚部的防护，如手术鞋套、手术靴；不适用于医务人员穿的其他类型的防护服，如阻隔液体或者微生物的防护服、处理危险化学药物、危险废弃物时所穿的防护服；不适用于吸收型的手术巾；不适用于产品间的接口，如防护服和手套的接口。

2.2.2 国外防护服相关技术法规及标准

目前国际上比较通用的防护服有关标准是美国国家职业安全卫生研究所（NIOSH）标准和欧盟的EN标准。

2.2.2.1 美国

美国国家防火协会（National Fire Protection Association，NFPA）于2007年发布了修订版NFPA 1999:2008《急救医用防护服的性能要求和检测》（Standard on protective clothing for emergency medical operations）。美国医疗器械促进协会（The Association for Advancement of Medical Instrumentation，AAMI）于2012年发布的修订版AAMI PB 70:2012《医疗保健设施中使用的防护服和防护布的液体阻挡层性能和分类》（Liquid barrier performance and classification of protective apparel and drapes intended for use in health care facilities），该标准适用一次性和重复使用型防护服。美国ASTM F1670/F1670M-17a（Standard test method for resistance of materials used in protective clothing to penetration by synthetic blood），该标准用于评估防护服所用材料在连续液体接触条件下对合成血液渗透的抵抗力。防护服的合格/不合格判定基于合成血液渗透的视觉检测。但是该测试方法并不总是能有效地测试具有厚的内衬且易于吸收合成血液的防护服材料，是一种选择防护服材料以进行后续测试的方法。

2.2.2.2 欧盟

英国标准协会（BSI）于2011年发布了修订版BS EN 13795:2011+A1:2013（Surgical drapes, gowns and clean air suits, used as medical devices for patients, clinical staff and equipment. General requirements for manufacturers, processors and products, test methods, performance requirements and performance levels）。该标准对干态和湿态下的手术衣的防护性和物理力学性能要求分别做出规定，包括检测方法和指标水平。

EN 13795:1:2019（Surgical clothing and drapes – Requirements and test methods-Part 1: Surgical drapes and gowns），规定了用于评估手术用布帘和手术服识别特性的测试方法，并为这些产品设定了性能要求。该标准不包含产品抵抗激光辐射穿透的要求。

EN ISO 11810中给出了合适的抗激光辐射穿透性的测试方法，以及合适的分类系统。该标准不包括外科手术服和窗帘的抗菌处理要求，抗菌药物治疗会导致耐药性和污染等环境风险。然而，经抗菌处理的手术服和手术用布帘在作为使用方面属于本标准的范围。

EN 14126:2003（Protective clothing – Performance requirements and tests methods for protective clothing against infective agents），规定了可重复使用和有限使用的防护服的要求和测试方法，以防止感染。

ISO 13688:2013、EN ISO 13688:2013《防护服 一般要求》，规定了防护服的人体工程学、无害性、尺寸名称、老化、兼容性和标记的一般性能要求，以及制造商随防护服提供的信息。

国际标准化组织（ISO）制定的ISO 16603:2004和 ISO 16604:2004，适用范围为一次性防护服测试，早期版本也被EN 14126:2003引用。

2.2.2.3　日本

日本工业标准调查会于1997年发布JIS L1912:1997，适用范围为急救用一次性防护服，不适用于手术衣。虽然其制定时间比较早，但对测试项目和指标要求十分严格，防护服的强力、舒适性和抗液体、微生物穿透性都包含在内。

JIS T8115:2010《化学防护服》（Protective clothing for protection against chemicals），本标准适用于在操作酸、碱、有机药品、其他气体和液体以及颗粒状化学物质时穿着的防护服，以防止化学物质的渗透，对此类防护服的种类表示及性能要求事项进行规定。该标准涉及全身密封型防护服、液体致密型防护服、喷雾致密型防护服、连体型防护服、防潮用密封型防护服、悬浮固体粉尘密封型防护服、其他化学防护服等。本标准规定的悬浮式固体粉尘密封型防护服的性能要求事项根据JIS T8124-1:2008，例如用于防止摩擦或弯曲导致固体粉尘渗入衣服内的固体粉尘密封型防护服。本标准除了与化学防护服为一体的配件外，不适用于独立的防护手套、防护脚套、眼部、面部防护用具及呼吸器保护，也不适用于防止生物或热危害（高温或低温）、电离辐射或放射性污染的防护服；同时，不适用于由化学物质引起的紧急危险情况下所使用的特殊衣服。

2.2.3　国内外防护服相关标准对比

2.2.3.1　适用范围

由于防护服不同的适用场景，标准的适用范围也有所不同。国内外主要防护服标准的具体适用范围对比见表2-11。

表2-11　国内外防护服标准适用范围对比

标准	标准适用范围
GB 19082—2009	适用于为医务人员在工作时接触具有潜在感染性的患者血液、体液、分泌物、空气中的颗粒等提供阻隔、防护作用的医用一次性防护服
YY/T 0506—2016	适用于病人、医护人员和器械的一次性使用和重复性使用的手术单、手术衣和洁净服
CNS 14798—2004	适用于医用一次性防护服，不适用于手术衣
NFPA 1999:2008	适用于一次性或重复使用医用急救救助衣
AAMI PB70:2010	适用于一次性或重复性使用外科手术衣、防护服及手术单
BS EN 13795: 2011+A1:2013	适用于一次性或重复使用外科用手术衣及手术单
EN 14126:2003	适用于预防接触血液和病毒物质的防护服
JIS L1912:1997	适用于医用非织造物
JIS T8115:2010	适用于在操作酸、碱、有机药品、其他气体和液体以及颗粒状化学物质时穿着的防护服，不适用于独立的防护手套、防护脚套、眼部、面部防护用具及呼吸器保护，也不适用于防止生物或热危害（高温或低温），电离辐射或放射性污染的防护服；同时，不适用于由化学物质引起的紧急危险情况下所使用的特殊衣服

2.2.3.2　指标与测试方法

（1）具体考核指标对比。由于防护服标准的适用范围不同，应用场景也有所不同，其设定的考核指标不同，防护等级不同。有关防护服装标准的具体考核指标对比见表2-12。

表2-12　国内外防护服考核指标对比

项目	具体考核的指标					
	GB 19082—2009	YY/T 0506—2016	CNS 14798—2004	NFPA 1999:2008	BS EN 13795:2011+A1:2013	JIS T8115:2010
外观结构	外观与结构	—	—	—	—	防护服实用性能要求
	号型规格	—	—	—	—	连接面罩性能要求
力学性能	断裂强力	断裂强力（干/湿）	断裂强力	断裂强力	断裂强力	胀破强力
			胀破强力	胀破强力		摩擦强力
	断裂伸长率	胀破强力（干/湿）	接缝强力	接缝强力	胀破强力	拉伸强力
			撕破强力	撕破强力		挠曲强度
						刺破强力
卫生性	皮肤刺激性	洁净度	—	—	—	—
	微生物指标					
	环氧乙烷残留量					
液体阻隔功能	抗渗水性	抗渗水性	抗渗水性		透湿量	耐渗透性
	透湿量		微生物穿透			液体渗透压
	合成血液渗透	阻微生物穿透（干/湿）	合成血液渗透			耐液体渗透性
	表面抗湿性		颗粒物过滤效率			耐细粒子渗透性
	过滤效率	阻液体穿透				液体排斥性
特殊指标	阻燃性能	落絮	—	保暖性	落絮	阻燃性能
	抗静电性					
	静电衰减性					
标识	标志、使用说明	—	—	—	—	标志、标识、使用说明

（2）基本性能指标对比。对医用防护服的基本性能指标要求对比见表2-13。

GB 19082—2009 针对医用一次性防护服而制定，对防护服的微生物穿透性能没有要求，而使用合成血液穿透和空气中微粒的过滤效率来代替，但对过滤效能的规定比较简单。NFPA 1999:2008和BS EN 13597:2011+A1:2013均适用于重复型临床手术衣，对手术衣的拒液性均有一定的要求。GB 19082—2009虽制定较晚，但该标准测试项目较为全面，对皮肤刺激性、阻燃性能和环氧乙烷残留量率先做出规定，存在的问题是对高性能的测试项目未涉及。各标准对一次性防护服的透气性均未作任何要求，在透湿性方面GB 19082—2009、CNS 14798—2004和BS EN 13795:2011+A1:2013做出规定，GB 19082—2009 要求防护服的透湿量不低于2500g/（m²·d），低于NFPA 1999:2008的要求。

GB 19082—2009和YY/T 0506—2016 测试时只考虑了防护服和手术衣关键部位材料的断裂强力，NFPA1999—2008 要求各层拉伸断裂强力≥50N，还要求抗刺穿强力≥12N，撕破强力≥17N，并考虑到接缝处的机械强力，要求接缝强力≥50N。YY/T 0506—2016和EN 13795:2012均可针对一次性非织造手术衣。

表2-13　国内外标准中医用防护服的性能指标对比

项目	GB 19082—2009	YY/T 0506—2016	CNS 14798—2004	NFPA 1999—2008	BSEN 13795:2011+A1:2013	JIS T 8115:2010
			具体考核的指标			
			液体阻隔功能			
拒水性能	关键部位静水压（HP）≥1.67kPa（17cmH₂O），沾水等级≥3级	单位：cmH₂O SC：HP≥20 SN：HP≥10 HC：HP≥100 HN：IP≥10	P1：IP≤4.5g HP≥20cmH₂O P2：IP≤1.0g HP≥50cmH₂O P3：IP≤0.3g HP≥140cmH₂O	表面张力为35×10⁻⁵N·m，3L/min的水量喷洒20min不可穿透	SC：HP≥2.94kPa SN：HP≥0.98kPa HC：HP≥9.8kPa HN：HP≥0.98kPa	单位：cmH₂O 6号：HP>35 5号：28<HP<35 4号：21<HP<28 3号：14<HP<21 2号：7<HP<14 1号：3.5<HP<7
合成血液渗透	6级：20kPa 5级：14kPa 4级：7kPa 3级：3.5kPa 2级：1.75kPa 防护服不低于2级要求	—	P3：在13.8kPa下保持1min不可渗漏	—	—	—
微生物穿透	—	干态 SN：≤300CFU HN：≤300CFU 湿态 SC：≥2.8I_B HC：=6.0I_B	P3：Phi-X174抗菌体不得透过试样	Phi-X174抗菌体不得透过试样和接缝处	干态 SC：≤2logCFU 湿态 SC：≤500CFU/皿 HC：0CFU/皿 HN：≤500CFU/皿	—
颗粒物穿透	关键部位和接缝处对非油性颗粒物的过滤效率≥70%	—	P2：过滤效率≥70%	—	—	—
			力学性能			
断裂强力	关键部位材料≥45N	干态 SN、SC、HN、HC：≥20N 湿态 SN、HN：≥20N SC、HC：不要求	P2和P3： 纵向：≥50N 横向：≥40N	一次性防护服：≥17N 可重复使用防护服：≥222.5N	—	—

续表

项目		GB 19082—2009	YY/T 0506—2016	CNS 14798—2004	NFPA 1999—2008	BSEN 13795:2011+A1:2013	JIST 8115:2010
			具体考核的指标				
胀破强力		—	干态 SN、SC、HN、HC: ≥40kPa 湿态 SN: ≥40kPa SC: 不要求 HN: ≥40kPa HC: 不要求	P2和P3: ≥200kPa	一次性防护服: ≥66N 可重复性使用防护服: ≥222.5N	干态 SN、SC、HN、HC: ≥40kPa 湿态 SN: ≥40kPa SC: 不要求 HN: ≥40kPa HC: 不要求	平均胀破强力BS/kPa 6号: $BS \geq 850$ 5号: $640 \leq BS < 850$ 4号: $320 \leq BS < 640$ 3号: $160 \leq BS < 320$ 2号: $80 \leq BS < 160$ 1号: $40 \leq BS < 80$
其他物理性能		关键部位材料断裂伸长率≥15%	—	接缝处的接缝强力≥50N 撕破强力≥17N	接缝强力≥50N 撕破强力≥17N	—	摩擦强力（达到指定损伤的摩擦次数/回） 6号: $SF \geq 2000$ 5号: $1500 \leq SF < 2000$ 4号: $1000 \leq SF < 1500$ 3号: $500 \leq SF < 1000$ 2号: $100 \leq SF < 500$ 1号: $10 \leq SF < 100$
				其他性能			
微生物指标		包装上标志有"灭菌"或"无菌"细菌菌落总数≤200CFU/g，大肠杆菌、绿脓杆菌、金黄色葡萄球菌、溶血性链球菌不得检出，真菌菌落总数≤100CFU/g	—	—	—	—	—
舒适性		皮肤刺激性记分≤1分	—	P2和P3: ≥1500g/m²·24h	—	—	—

续表

项目	具体考核的指标					
	GB 19082—2009	YY/T 0506—2016	CNS 14798—2004	NFPA 1999—2008	BSEN 13795:2011+A1:2013	JIST 8115:2010
抗静电性	带电量应≤0.6μC/件	—	—	—	—	—
阻燃性能	损毁长度≤200mm 续燃时间≤15s 阴燃时间≤10s	—	—	—	—	3号：试样停在火焰中1s 2号：试样停在火焰中5s 1号：试样从火焰中通过 观察其性能：不会产生熔融液滴，释放火焰后，燃烧持续不超过5s
落絮	—	SN、SC、HN、HC：≤4.0log$_{10}$（落絮计数）	—	—	SN、SC、HN、HC：≤4.0log10（落絮计数）	—

注：IP：冲击穿透水量；HP：静水压。
S：标准性能；H：高性能；C：关键区域；N：非关键区域。
SC：标准关键区域；SN：标准非关键区域；HC：高级关键区域；HN：高级非关键区域。
BS：平均胀破强力；SF：摩擦强力。

YY/T 0506在制定过程中借鉴了EN 13795:2013，因而其强力和舒适性测试项目一致。NFPA 1999:2008除去对急救医用防护服的断裂强力要求之外，还对其撕破、接缝、顶破、刺破等强力有要求，并且对急救医用防护服的整体热舒适性也做出要求。和NFPA 1999:2008相比，CNS 14798—2004对刺破强力的测试没有要求，但在其余的强力和舒适性方面测试项目还算比较完善。

JIS T8115:2010是将化学防护服分为6个类型，1号为气密型化学防护服，2号为非气密型化学防护服，3号为液体防护用密封型化学防护服，4号为防尘防护用密封型化学防护服，5号为浮游固体粉尘防护用密封型化学防护服，6号为防雾防护用密封型化学防护服。该标准对这些类型化学防护服的防护实用性能要求、连接面罩性能要求、胀破强力、摩擦强力、拉伸强力、挠曲强度、刺破强力、耐渗透性、液体渗透压、耐液体渗透性、耐细粒子渗透性、液体排斥性、阻燃性能、标志、标识、使用说明等测试方法都有非常详细的解析。

参考文献

［1］GB 19083—2010 医用防护口罩技术规范［S］.

［2］YY 0469—2011 医用外科口罩［S］.

［3］YY/T 0969—2013 一次性使用医用口罩［S］.

［4］GB 2626—2019 呼吸防护用品　自吸过滤式防颗粒物呼吸器［S］.

［5］GB/T 32610—2016 日常防护型口罩技术规范［S］.

［6］T/CNTAC 55—2020 民用卫生口罩［S］.

［7］T/CTCA 1—2019 PM2.5防护口罩［S］.

［8］T/CTCA 7—2019 普通防护口罩团体标准［S］.

［9］T/GDMDMA 0005—2020 一次性使用儿童口罩［S］.

［10］T/ZFB 0004—2020 儿童口罩［S］.

［11］常生，赵娟芝.我国医用口罩标准对比解读［J］.针织工业，2020（3）：14-17.

［12］ASTM F2100:2019 Standard Specification for Performance of Materials Used in Medical Face Masks［S］.

［13］ASTM F1862/F1862M:2017 Standard Test Method for Resistance of Medical Face Masks to Penetration by Synthetic Blood（Horizontal Projection of Fixed Volume at a Known Velocity）［S］.

［14］ASTM F2101:2019 Standard Test Method for Evaluating the Bacterial Filtration Efficiency（BFE）of Medical Face Mask Materials，Using a Biological Aerosol of Staphylococcus aureus［S］.

［15］ASTM F2299/F2299M:2003（2017）Standard Test Method for Determining the Initial Efficiency of Materials Used in Medical Face Masks to Penetration by Particulates Using Latex Spheres［S］.

［16］EN 136:1998 Respiratory protective devices-Full face masks-Requirements，testing， marking［S］.

［17］EN 140:1999 Respiratory protective devices–Half masks and quarter masks–Requirements，testing，marking［S］.

［18］EN 149:2001 Respiratory protective devices–Filtering half masks to protect against particles–Requirements，testing，marking［S］.

［19］EN 529:2005 Respiratory protective devices–Recommendations for selection，use，care and maintenance— Guidance document［S］.

［20］EN 12942:2008 Respiratory protective devices–Power assisted filtering devices incorporating full face masks，half masks or quarter masks–Requirements，testing，marking［S］.

［21］EN 14387:2008 Respiratory protective devices–Gas filter（s） and combined filter（s）–Requirements，testing，marking［S］.

［22］AS/NZS 1716:2012 Respiratory protective devices［S］.

［23］AS 4381:2015 Single–use face masks for use in health care［S］.

［24］GB 19082—2009 医用一次性防护服技术要求［S］.

［25］YY/T 0506 病人、医护人员和器械用手术单、手术衣和洁净服［S］.

［26］YY/T 1698—2016 医用防护服的选用评估指南［S］.

［27］YY/T 1699—2016 医用防护服的液体阻隔性能和分级［S］.

［28］YY/T 0506.2—2016 病人、医护人员和器械用手术单、手术衣和洁净服　第2部分：性能要求和试验方法［S］.

［29］CNS 14798—2004 Method of test for wines and spirits—Determination of alcohol content by volume［S］.

［30］NFPA 1999:2008 Standard on Protective Clothing for Emergency Medical Operations［S］.

［31］AAMI PB70:2012 Liquid Barrier Performance and Classification of Protective Apparel and Drapes Intended for Use in Health Care Facilities［S］.

［32］ASTM F1670/F1670M–2017a Standard Test Method for Resistance of Materials Used in Protective Clothing to Penetration by Synthetic Blood［S］.

［33］BS EN 13795: 2011+A1: 2013 Surgical drapes，gowns and clean air suits，used as medical devices for patients，clinical staff and equipment – General requirements for manufacturers，processors and products，test methods，performance requirements and performance levels［S］.

［34］EN 13795–1:2019 Surgical clothing and drapes – Requirements and test methods–Part 1：Surgical drapes and gowns［S］.

［35］EN ISO 11810:2015 Lasers and laser–related equipment – Test method and classification for the laser resistance of surgical drapes and/or patient protective covers – Primary ignition，penetration，flame spread and secondary ignition［S］.

［36］EN 14126:2003 Protective clothing – Performance requirements and tests methods for protective clothing against infective agents［S］.

［37］EN ISO 13688:2013 Protective clothing – General requirements［S］.

[38] ISO 16603:2004 Clothing for protection against contact with blood and body fluids – Determination of the resistance of protective clothing materials to penetration by blood and body fluids – Test method using synthetic blood [S] .

[39] ISO 16604:2004 Clothing for protection against contact with blood and body fluids – Determination of resistance of protective clothing materials to penetration by blood-borne pathogens – Test method using Phi-X174 bacteriophage [S] .

[40] JIS L1912:1997 Test methods for nonwoven fabrics of medical use [S] .

[41] JIS T8115:2010 protective clothing for protection against chemicals [S] .

[42] JIS T8124-1:2008 Protective clothing for use against solid particulates – Part 1:Performance requirements for chemical protective clothing providing protection to the full body against airborne solid particulates （type 5 clothing） [S] .

第3章 防疫类纺织品检验质量控制

3.1 防疫类纺织品检验实验室的建设

防疫类纺织品的检验是产品上市前必须验证的步骤。为保证产品满足防疫要求，在满足标准要求的检测环境下进行检验是很重要的。实验室建设的主要目的是为防疫类纺织品的检验提供一个安全、规范、方便、适宜的场所。

随着新冠肺炎疫情的蔓延，全球对防疫类纺织品的需求持续不断增加。我国在抗疫初期为全球做出了示范作用，在控制国内疫情蔓延的同时，大力投入防疫类纺织品的生产中，为全球的共同抗疫提供中国支援。防疫类纺织品主要有口罩、防护服、一次性防护帽、一次性防护鞋、即用型消毒湿巾等，常用的检测标准有：GB/T 32610—2016《日常防护型口罩技术规范》、GB/T 20097—2006《防护服一般要求》、YY/T 1642—2019《一次性使用医用防护帽》、YY/T 1633—2019《一次性使用医用防护鞋套》等。

3.1.1 实验室的建设要求

根据ISO、GB标准建立的防疫类纺织品检验实验室包括常规实验室、恒温恒湿实验室和微生物实验室。其中根据不同的检测项目要求，恒温恒湿实验室所需要的温湿度见表3-1。

表3-1 恒温恒湿实验室的基本要求

标准	检测项目	温度/℃	湿度/%
GB 2626—2006	颗粒物过滤效率	25±5	30±10
ASTM F2100:2019	颗粒物过滤效率	21±3	30~50
GB 2626—2006	呼吸阻力	21±3	50±5
GB 2626—2006	防护效果	25±5	30±10
GB 2626—2006	压力差、通气阻力	21±3	50±5
GB 2626—2006	气密性	21±3	50±5
GB 2626—2006	泄漏性	25±5	30±10
GB 2626—2006	密合性	25±5	30±10
GB 2626—2006	实用性能	16~32	30~80
GB 2626—2006	视野	在室温的暗室测试	
YY 0469—2011	口罩抗合成血液穿透	在温度（21±5）℃，相对湿度（85±5）%环境中处理至少4h，取出后在1min内进行测试	

微生物实验室根据实验室操作的生物因子的危害等级不同，需要不同的防护水平。实验室不同水平的设施、安全设备以及实验操作技术和管理措施构成了生物实验室的各级生物安

全水平。生物安全实验室分为4个等级：一级生物安全实验室（BSL-1）、二级生物安全实验室（BSL-2）、三级生物安全实验室（BSL-3）和四级生物安全实验室（BSL-4），俗称分别为P1、P2、P3和P4实验室（P是"物理防护"的英文"physical protection"的首字母）。一级生物安全实验室防护水平最低，四级生物安全实验室防护水平最高，如表3-2所示。

表3-2　生物安全实验室级别

病原微生物危害程度	实验活动所需生物安全实验室级别			
	病毒培养	未经培养的感染材料的操作	灭活材料的操作	无感染性材料的操作
第一级	—	—	BSL-2	BSL-1
第二级		BSL-2	BSL-1	BSL-1
第三级	BSL-2	BSL-2	BSL-1	BSL-1
第四级	BSL-1	BSL-1	BSL-1	BSL-1

细菌、放线菌、衣原体、支原体、立克次体、螺旋体、真菌类实验室级别如表3-3所示。

表3-3　实验室级别

病原微生物危害程度	实验活动所需生物安全实验室级别		
	大量活菌操作	样本检测	非感染性材料的操作
第二级	—	BSL-2	BSL-1
第三级	BSL-2	BSL-2	BSL-1

防疫类纺织品检验属于细菌、真菌类实验，需要对样本进行检测和非感染性材料的操作，应分别满足二级生物安全实验室（BSL-2）和一级生物安全实验室（BSL-1）的建设要求。

3.1.2　实验室的硬件建设

3.1.2.1　设计施工单位资质要求

由于恒温恒湿房和生物安全实验室的特殊性，特别是生物安全实验室在技术和生物安全上的一系列特殊要求，设计和建设恒温恒湿房和生物安全实验室的建设单位应具有相应的资质和能力。一般实验室的建设单位要达到机电设备安装工程专业承包企业资质三级以上，或者房屋建筑工程施工总承包三级以上，且空气净化工程资质等级三级以上（含三级）。

3.1.2.2　实验室选址要求

防疫类纺织品检验所用的常规实验室、恒温恒湿实验室和微生物实验室无需特殊选址，可共用普通建筑物，但必须为实验室安全运行、清洁和维护提供足够的空间。宜设在建筑物的一端或一侧，与建筑物其他部分可相通，但应有控制进出的门和防止昆虫和啮齿动物入内的设置。

3.1.2.3　实验室各功能区分布

充足的实验室面积和良好的实验室布局设计是为防疫类纺织品检验提供安全、规范、适宜、方便的设施和环境条件的重要前提。实验室总体布局和各区域的安排应符合实验流程，尽量减少往返或迂回，降低潜在的对样本的污染和对人员与环境的危害，应采取措施将实验区域和非实验区域隔离开来。

3.1.2.4　实验室的基础建设

3.1.2.4.1　建设技术指标

防疫类纺织品检验实验室的主要技术指标如表3-4所示。

表3-4　防疫类纺织品检验实验室的主要技术指标

类别（级别）	最小换气次数/（次/h）	温度/℃	相对湿度/%	噪声/dB（A）	最低照度/lx
恒温恒湿实验室一	10 ~ 15	21 ± 3	50 ± 5	—	—
恒温恒湿实验室二	10 ~ 15	25 ± 5	30 ± 10	—	—
一级生物安全实验室	可开窗	18~28	≤70	≤60	200
二级生物安全实验室	可开窗	18~27	30~70	≤60	300

在设计实验室和安排某些类型的实验工作时，对于可能造成安排问题的情况需要注意的事项包括（但不仅限于以下情况）：

（1）死腔气体的排放及气瓶保护。

（2）单个实验室设备总量和供电情况。

（3）仪器设备过度拥挤和过多。

（4）机械振动预处理仪器的安全距离。

（5）颗粒物过滤效率、泄漏性和防护效果等气溶胶项目的室内气溶胶浓度控制。

（6）泄漏性测试必须注意参与检测人员的身体状况。

（7）微生物实验完毕后的高浓度微生物废品。

（8）啮齿动物和节肢动物的侵扰。

（9）未经允许的人员进入实验室。

（10）工作流程中一些特殊标本和试剂的使用。

3.1.2.4.2　通风和净化系统

（1）对于常规实验室通风，可通过一般的通风系统或开窗即可，也可使用新风系统来改善室内空气。

（2）对于恒温恒湿实验室通风，由于要保证室内的温湿度保持在稳定的水平，在建设恒温恒湿实验室时，需要同时安装新风系统，使室内维持适当的新风量。通常来说，±2℃的恒温室：换气次数10 ~ 15次/h；±1℃的恒温室：换气次数15 ~ 20次/h；±0.5℃的恒温室：换气次数>20次/h；±0.2℃的恒温室：换气次数>30次/h。

恒温恒湿实验室需要合理的气流组织流程，充分发挥送风气流的冷却或加热作用；建立一个稳定均匀的温度场，以保证在气流到达工作区时，其平均温度与工作区的温度差不超过允许的温度波动值；气流到达工作区时，其流动速度在0.25m/s左右。±2℃及±1℃高精度的恒温恒湿实验室，采用全孔板和局部孔板送风，下部均匀回风，效果较好。

（3）对于微生物实验室通风，一级生物安全实验室可设带纱窗的外窗；二级生物安全实验室可不设空调净化系统，也可根据需要设置带循环回风的空调净化系统。当无机械通风系统时，二级生物安全实验室应开窗进行自然通风，并应有防虫纱窗。

如果有条件，建议微生物实验室安装机械通风系统，并保持一定的负压，一般不小于-5Pa。如果涉及有毒、有害、挥发性溶媒和化学致癌剂操作，则应采用全排风系统，整个空调系统应设计有初、中、高三级空气过滤的空调净化系统。实验室通风系统的一般要求为：

①空调净化系统的划分应根据操作对象的危害程度、平面布置等情况经技术经济比较后确定，并应采取有效措施避免污染和交叉污染。同时，空调净化系统的划分应有利于实验室的消毒、自动控制系统的设置和节能运行。

②空调净化系统的设计应充分考虑生物安全柜、离心机、二氧化碳培养箱、摇床、冰箱、高压灭菌锅等设备的冷、热、湿和污染负荷。

③微生物实验室送排风系统的设计应考虑所用生物安全柜等设备的使用条件。为保护工作人员，微生物实验室一般根据生物危害等级Ⅰ、Ⅱ和Ⅲ分别选用Ⅰ级、Ⅱ级和Ⅲ级生物安全柜。因此，设计实验室送排风的量时，应将室内设备特别是生物安全柜的补风和排风情况一并考虑，避免导致生物安全柜和实验室排风系统的压力失衡。

在进行微生物实验室建设规划时，微生物工作者应提出安装通风橱或排气橱的需求，强酸或各种溶液和类似材料应该在这种通风橱内使用。根据通风橱所需的排风量和风压值确定与其相配套的引风机和风管的规格，如多台通风橱共用一台引风机，则宜用变频风机。为最大限度发挥通风橱的作用，通风橱的窗扇应降至生产厂商标出的位置。通风效果应由厂方代表或楼房维护人员每年检查一次，实验室应保存好维护记录。

合理的、适当的实验室通风系统对于防止实验室微生物气溶胶扩散到整个工作区甚至扩散到工作区以外是必要的。设计和安装通风系统的原则是对实验室以外区域形成一个相对密闭的系统，对实验室内部则是一个气流定向流动的系统。实验室内部气流定向流动是指实验室内的气流由清洁区流向污染严重的区域。

3.1.2.4.3 给、排水系统

（1）给水系统。实验室必须保证充足供水，以满足实验室用水、消防用水的需要。在微生物的每个操作实验室房间都应设置洗手池，宜设置在靠近出口处。

实验室给水管材宜采用不锈钢管、铜管或无毒塑料管。管道宜采用焊接或快速接口连接。

实验室用水的水质除一般要求外，还需要软化水、蒸馏水和实验室三级水，应设置相应的处理或生产设备。

（2）排水系统。实验室的排水设计应保证排水的通畅。对于酸性和碱性的水应予以中和后排放，对于微生物污水应妥善处理，达到排放标准后再排放，对于有机化学污水应收集后交由专业的公司回收或经处理好再排放。

所有排水管道穿过的地方应采用不收缩、不燃烧、不起尘的材料密封。

3.1.2.4.4 实验室的电力系统

实验室必须保证用电的可靠性。实验室应设有专用配电箱，并应设有可靠的接地系统，其接地电阻不宜大于1Ω。实验室内的配电管线应采用金属管铺设，穿过墙和楼板的电线应加

套管，套管内用不收缩、不燃烧材料密封。进入实验室内的电线管穿线后，管口应采用无腐蚀、不起尘和不燃烧材料密封。

由于每个实验室的功能不同，用电量也不一样。一般在供电设计时应考虑以下几个方面：

（1）每个房间内要有三相交流电和单相交流电，最好设置一个总电源开关箱，嵌装在室内靠近走廊一面的墙内。实验室内的电源宜设置漏电检测报警装置。

（2）计算每个房间的最大用电量，对高耗电设备的供电予以特殊考虑。设计用电量时应为以后的发展留有余量。

（3）每一实验台都宜设置一定数量的电源插座。这些插座应有开关控制和保险设备，以防万一发生短路时影响整个实验室的正常供电。插座设置应远离水盆和可燃气体。

（4）保证实验室内所有活动的充足照明，避免不必要的反光和闪光。为实验室配备应急照明，以保证人员安全离开实验室。

（5）生物安全级别较高的实验室和化学分析实验室应设计双路独立供电，或设计备用发电机组。条件不具备时可以另设不间断电源，不间断电源的供电能力要求不少于45min。备用发电机对于保证主要设备的正常运转（如培养箱、生物安全柜、冰箱、气质联用仪、气相色谱仪、液相色谱仪等）都是必要的。

3.1.2.4.5　自控和通信系统

实验室的自控系统应遵循安全、可靠和节能的原则，操作应简单明了。建议采用机械通风系统的实验室设置通风故障报警功能；恒温恒湿实验室自控系统需要建立温湿度监控系统，参数显示应放在室内显眼处；微生物自控系统参数显示应设在清洁区，并应保证各个区域的温度、湿度的要求。

微生物实验室内与实验室外最好设有内部电话，方便实验室各功能区之间、实验室和办公室以及与实验室之外的联系。

此外，在空调通风系统未运行时，送、排风管上的气密阀应处于常闭状态。

3.1.2.4.6　消防系统

实验室的防火设计应符合现行国家标准GB 50016—2014《建筑设计防火规范》和GB 50140—2005《建筑灭火器配置设计规范》等的有关规定。

二级至四级生物安全实验室和恒温恒湿实验室应设在耐火等级不低于二级的建筑物内。生物安全实验室的所有疏散口都应有消防疏散指示标志和消防应急照明措施。

3.1.2.4.7　施工要求

实验室的施工应以生物安全防护为核心。

建筑装饰施工应做到墙面平滑、地面防滑耐磨、容易清洁、耐消毒剂侵蚀、不吸湿、不透湿、不易附着灰尘，地面不得铺设地毯。有压力差要求的生物安全实验室的所有缝隙和穿孔都应填实，并采取可靠的密封措施。实验室内配备的试验台面应光滑、不透水、耐腐蚀、耐热和易于清洗。试验台、架、设备的边角应以圆弧过渡，不应有突出的尖角、锐边、沟槽。实验室中各种台架、设备应采取防倾倒措施，相互之间应保持一定距离，其侧面至少留有80mm、后面至少留有40mm间距以方便清洁。当靠地靠墙放置时，应用密封胶将靠地靠墙的边缝密封。

3.1.3 实验室的软件建设

3.1.3.1 实验室的质量管理体系建设

从事微生物检测的实验室，应严格按照GB/T 27025—2019《检测和校准实验室能力的通用要求》建立质量体系并使其有效运行，这既是实验室自身发展的需要，也是社会环境的客观要求。无论是政府职能部门下属的公益性检测机构，还是以赢利为目的的服务性检测机构，均应遵循行为公正、方法科学、数据准确、服务规范的原则。

有关实验室认可的内容参见本章第二节微生物检验实验室体系的认可。

医卫微生物检验实验室的人员组成通常包括实验室管理人员、实验室检测人员（实验室科学家和实验室检测员）和检测辅助人员。目前，我国许多微生物实验室已经或正在准备申请通过实验室认可，因此在讨论实验室人员的职责时也包含一些实验室认可中所规定的要素。

实验室管理人员不仅全面负责实验室的工作，通常还兼任质量负责人的角色。作为微生物检测实验室管理人员，所具备的能力包括具有良好的品德修养，对所提供的微生物检测项目有足够的背景知识与经验，熟悉实验室的认可与管理，具有良好的实验室管理和综合协调能力。

实验室检测人员主要承担着实验室检测与新检测技术的研发工作，主要包括负责实验室样品的微生物检测；负责解决工作中遇到的技术难题，并且协助质量负责人解决检测工作中的有关问题，参与实验室检测方法或程序的制定与验证工作。作为微生物实验室的检测人员，应当具备认真负责的工作态度，具有扎实、系统的微生物检测专业知识，熟悉实验室所用检测方法与检测程序，能够对工作中遇到的问题进行分析与解决。

实验室检测辅助人员应当遵守实验室的管理规定，其职责主要包括参与检测样品的登记与编号，参与样品的制备、存放及处理，参与实验室检测消耗品的申购、验收、管理工作，负责实验室及工作环境的清洁卫生工作，按照规定程序进行检测器皿的清洗及准备工作等。实验室检测辅助人员所具备的能力包括具有认真负责的工作态度，熟悉实验室的质量手册和相应的工作程序等。

3.1.3.2 实验室的安全管理

3.1.3.2.1 一般管理要求

（1）实验室环境应清洁、卫生、安静，实验室内严禁吸烟和饮食。

（2）实验人员必须穿戴工作衣帽，工作服应经常洗涤、消毒、保持清洁。

（3）操作前后或离开实验室必须用肥皂或消毒液洗手。

（4）发生菌液污染台面或地面时，应立即用3%的甲醛或5%的碳酸等消毒液由外向内倾覆其上，1h后再擦拭，如为破伤风梭菌，则应隔夜后再擦洗。

（5）工作衣、帽、口罩受到菌液污染时，应立即脱下，使污染部位包裹在内部，高压灭菌后再清洗。

（6）如有传染性培养物污染手部，应先用75%的乙醇棉球擦拭，再浸入0.1%的新洁尔灭消毒液给手消毒，然后用肥皂及清水彻底洗干净。

（7）接种环（针），每次使用前后，必须通过火焰灭菌，冷却后方可接种培养物。接种带有蜡质、油质的培养物或菌苔残留多时，不应立即在火焰上灼烧，应先在内焰里将油质培养物烘干后再移至火焰上灭菌，以免活菌外溅污染环境及感染操作者。

（8）带菌的吸管应浸泡在5%的甲酚消毒液内24h，然后取出清洗，带菌的试管或培养物应在121℃高压灭菌30min后再取出清洗。

（9）在接种霉菌、放线菌时应在铺有浸过消毒液的纱布上操作，防止孢子散落传播。

（10）废弃物的处理。

①必须消除生物危害后，才能处理，一般使用高压蒸汽灭菌，也可以采用直接焚烧。

②污染性锐器（如一次性针头）应灭菌后处理，注意避免锐器扎伤。

③污染性可重复使用的材料（如平皿）应灭菌后清洗，宜使用不易破碎的材料。

④工作服（含洁净工作服）应定期清洗，怀疑污染的工作服应灭菌后清洗，洁净工作服应灭菌后使用。

3.1.3.2.2　实验室人员注意事项

（1）实验室内严禁烟火，也不能在实验室内点火取暖，严禁闲杂人员入内。

（2）实验室人员应充分熟悉安全用具，如灭火器、急救箱的存放位置和使用方法，并妥加爱护，安全用具及急救药品不准移作他用。

（3）盛药品的容器上应贴有标签，注明名称、溶液浓度。

（4）危险药品要专人、专类、专柜保管，实行双人双锁管理制度。各种危险药品要根据其性能、特点分门别类贮存，并定期进行检查，以防意外事故发生。

（5）试验人员不得私自将药品带出实验室。

（6）危险的实验在操作时应使用防护眼镜、面罩、手套等防护设备。

（7）实验室人员在进行能产生有刺激性或有毒气体的实验时，必须在通风橱内进行。

（8）浓酸、浓碱具有强烈的腐蚀性，用时要特别小心，切勿使其溅在衣服或皮肤上。废酸应倒入酸缸，但不要往酸缸里倾倒碱液，以免酸碱中和放出大量的热而发生危险。

（9）实验中所用药品不得随意散失、遗弃，对反应中产生有害气体的实验应按规定处理，以免污染环境，影响健康。

（10）实验完毕后，应对实验室做一次系统的检查，随时关好门窗，防火、防盗、防破坏。

3.1.3.2.3　基本安全设备

（1）实验室要配备消防灭火器。注意灭火器的放置位置，灭火器的特性，干粉灭火器还是二氧化碳灭火器，有效期，高压水龙头，并且要有专人负责保管，检查完好。

（2）微生物实验人员需配备移液辅助器，避免用口吸的方式移液。

（3）微生物实验室需配备生物安全柜。

3.1.3.2.4　培训

（1）严禁化验人员将与检验无关的物品带入化验室（有特殊要求的除外）。

（2）凡从事各种产品检验的工作人员，都应熟悉所使用的药品的性能，仪器、设备的性能及操作方法和安全事项。

（3）进行检验时，应严格按照操作规程和安全技术规程进行，掌握对各类事故的处理方法。

（4）实验室内要有充足的照明和通风设施。

（5）进行检验时，劳动保护用具必须穿戴整齐。

（6）所有药品、样品必须贴有醒目的标签，注明名称、浓度、配制时间以及有效日期等，标签字迹要清楚。

（7）禁止用手直接接触化学药品和危险性物质，禁止用口或鼻嗅的方法去鉴别物质。如工作需要，必须嗅闻时，用右手微微扇风，头部应在侧面，并保持一定距离。严禁用烧杯等器具作餐具或饮水，严禁在实验室内饮食。

（8）用移液管吸取有毒或腐蚀性液体时，管尖必须插入液面以下，防止夹带空气使液体冲出，用橡皮吸球吸取，禁止用嘴代替吸球。

（9）易挥发性或易燃的液体储瓶，在温度较高的场所或当瓶的温度较高时，应经冷却后方可开启。

（10）凡参加实验项目的人员，必须熟悉所使用物质的性质，操作规程、方法和安全注意事项。

（11）在进行有危险性工作时，应采取安全措施，参加人员不得少于两人。

（12）在器具中加热药品时，必须放置平稳，瓶口或管口禁止对着他人和自己。

（13）加热试管内的溶液时，管口不得对着面部，加热时要不停地摇晃，以防止因上下温度不均发生沸腾而引起的烫伤，加热结束后应先拿出冷凝管后移开酒精灯以防产生倒吸使仪器破裂。

（14）在移动热的液体时，应使用隔热护具轻拿轻放，稳定可靠。

（15）工作服一旦被酸、碱、有毒物质及致病菌等沾污时必须及时处理。

（16）停电停水时，要及时切断电源，关闭水阀。

（17）废酸废碱，有机溶剂以及易燃物质，必须经过中和处理后，方可倾倒指定地点，禁止直接倾入水槽中。

（18）化验工作结束后，所有仪器设备要清洗干净，切断电源，关闭水、电、气阀门，溶液、试剂和仪器应放回规定位置。

（19）下班时，应检查电源是否切断，水、气阀门是否关闭。

（20）实验室内应设置砂箱、灭火器等消防器材。当室内发生易燃易爆气体大量泄漏的危险情况时，应立即停止动用明火及能产生火花的工作，立即关闭阀门，打开门窗，加快通风。

3.2　实验室的认可

3.2.1　实验室认可的历史

"认可（accreditation）"一词的传统释义为：甄别合格、鉴定合格、公认合格（例如承认学校、医院、社会工作机构等达到标准）的行动，或被甄别、鉴定、公认合格的状态。引申到实验室认可，其定义为：由权威机构对检测/校准实验室及其人员有能力进行特定类型的检测/校准做出正式承认的程序。20世纪40年代，澳大利亚由于缺少一致的检测标准和手段，无法为第二次世界大战中的英军提供军火，为此着手组建了全国统一的检测体系。1947年，澳大利亚首先建立了世界上第一个检测实验室认可体系——国家检测权威机构协会（National Assoliation of Testing Authorities，NATA）。20世纪60年代，英国也建立了校准实验室认可体系——大不列颠校准服务局（British Calibration Senice，BCS）。20世纪70年代，美国、新西兰和法国等开始开展实验室认可活动，80年代逐渐发展到新加坡、马来西亚等东南亚国家，90年代更多的发展中国家（包括中国）也加入实验室认可行列。

为了各国之间实验室认可组织的合作和互认，国际实验室认可合作组织（International Laboratory Accreditation Conference，ILAC）成立，包括亚太实验室认可合作组织（Asia Pacific Laboratory Accreditation Cooperation，APLAC）、太平洋认可合作组织（Pacific Accreditation Cooperation，PAC）、美洲认可合作组织（Inter American Accreditation Cooperation，IAAC）和欧盟认可合作组织（European cooperation for Accreditation，EA）等。

我国是亚太实验室认可合作组织（APLAC）的创始成员国之一。我国实验室认证工作开始于20世纪90年代初。1986年，原国家标准局开展了对检测实验室的评价工作，1994年原国家技术监督局成立了中国实验室国家认可委员会（CNACL）。1996年，成立了中国国家进出口商品检验实验室认可委员会（CCIBLAC），2000年8月，更名为中国国家出入境检验检疫实验室认可委员会。2002年7月4日，原中国实验室国家认可委员会（CNACL）和原中国国家出入境检验检疫实验室认可委员会（CCIBLAC）合并建立了中国实验室认可委员会（CNAL）（曾短暂用名为中国国家实验室认可委）。2006年3月31日，中国合格评定国家认可委员会（CNAS）在京成立，是在原中国认证机构国家认可委员会（CNAB）和原中国实验室国家认可委员会（CNACL）基础上整合而成的。

中国合格评定国家认可委员会（CNAS）组织机构包括：全体委员会、认证机构技术委员会、执行委员会、检查机构技术委员会、实验室技术委员会、评定委员会、申诉委员会和秘书处。CNAS统一负责实施对认证机构、实验室和检查机构等相关机构的认可工作，是我国唯一认可的实验室认证机构。CNAS的宗旨是推进合格评定机构按照相关的标准和规范等要求加强建设，促进合格评定机构以公正的行为、科学的手段、准确的结果有效地为社会提供服务。

CNAS认可的实验室颁发的检测和校准报告可以使用ILAC国际互认标志（图3-1），得到50个国家和经济体65个认可机构承认。CNAS认可的质量管理体系认证、环境管理体系认证和产品认证得到41个国家和经济体认可机构承认。国际间的相互认可促进了本国贸易和经济的发展，促进了国家之间检测结果的相互认可，也有利于消除关税贸易壁垒。

图3-1　CNAS认可标志

3.2.2　实验室认可的原则和条件

3.2.2.1　实验室认可的原则

（1）自愿申请原则。实验室是否申请认可，是根据其需求自主决定的，即认可机构不会强制任何一个实验室申请。

（2）非歧视原则。该原则是指实验室不论其隶属关系、规模大小、级别高低、所有制性质等，只要满足认可准则的要求，均能一视同仁地获得认可。

（3）专家评审原则。该原则是指派注册评审员和训练有素的技术专家承担评审并对评审结果负责，而不是行政干预，以确保认可结果的科学性、客观性和公正性。

（4）国家认可原则。在我国实验室认可只能由CNAS代表国家进行，没有任何其他机构可以进行此项工作。获得认可的实验室，意味其技术能力和所出的数据均得到国家的承认。

3.2.2.2　实验室认可的条件

申请实验室认可的实验室应当符合以下条件：

（1）遵守国家法律法规，诚实守信。

（2）自愿申请认可。

（3）具有明确的法律地位，具备承担法律责任的能力。

（4）符合CNAS颁布的认可准则和相关要求。

（5）遵守CNAS认可规范文件的有关规定，履行相关义务。

3.2.3　实验室认可的流程

实验室认可主要分为四个阶段：申请阶段、评审阶段、认可评定阶段和监督管理阶段，如图3-2所示。

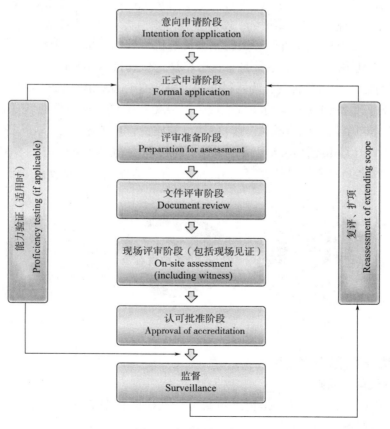

图3-2　实验室认可流程图

3.2.3.1　申请阶段

3.2.3.1.1　意向申请

申请人可以用任何方式向CNAS秘书处表示认可意向，如来访、电话、传真以及其他电子通信方式等。申请人需要时，CNAS秘书处应确保其能够得到最新版本的认可规范和其他有关文件。

3.2.3.1.2　正式申请和受理

申请人在自我评估满足认可条件后，按CNAS秘书处的要求提供申请资料，并交纳申请费用。

（1）实验室需满足的认可条件。

①提交的申请资料应真实可靠，申请人不存在欺骗、隐瞒信息或故意违反认可要求的行为。

②申请人应对CNAS的相关要求基本了解，且进行了有效的自我评估，提交的申请资料齐全完整、表述准确、文字清晰。

③申请人具有明确的法律地位，其活动应符合国家法律法规的要求。

④建立了符合认可要求的管理体系，且正式、有效运行6个月以上，即管理体系覆盖了全部申请范围，满足认可准则及其在特殊领域应用说明的要求，并具有可操作性的文件。组织机构设置合理，岗位职责明确，各层文件之间接口清晰。

⑤进行过完整的内审和管理评审，并能达到预期目的，且所有体系要素应有运行记录。

⑥申请的技术能力满足 CNAS-RL02—2018《能力验证规则》的要求。

⑦申请人具有开展申请范围内的检测/校准/鉴定活动所需的足够资源，例如主要人员，包括授权签字人应能满足相关资格要求等。

⑧仪器设备的量值溯源应能满足CNAS相关要求。

⑨申请认可的技术能力有相应的检测/校准/鉴定经历，上述经历应覆盖申请的全部项目/参数。

（2）申请需提交的材料。

①实验室认可申请书。

②实验室法律地位的证明文件。

③实验室现行有效的质量手册和程序文件。

④实验室参加实验室间比对、能力验证或测量审核的情况。

⑤授权签字人申请材料。

⑥管理体系核查表（初次申请时填写）。

⑦实验室进行最近一次完整的内部审核和管理评审的资料（初次申请时提交）。

⑧其他有关资料。

（3）CNAS秘书处审查。CNAS秘书处审查申请人提交的申请资料，做出是否受理的决定并通知申请人。必要时，CNAS秘书处将安排初访以确定能否受理申请，初访所产生的费用由申请人承担。在资料审查过程中，CNAS秘书处将所发现的与认可条件不符合之处通知申请人，但不做咨询。申请人在规定期限内对提出的问题予以澄清或修改申请资料。自第一次向申请人反馈问题起，超过3个月仍不能满足受理条件的，不予受理认可申请。一般情况下，

CNAS秘书处在受理申请后，将在3个月内安排评审，但由于申请人的原因造成的延误除外。如果由于申请人自身的原因，在申请受理后3个月内不能接受现场评审，CNAS可终止认可过程，不予认可。

3.2.3.2 评审阶段

（1）组建评审组。CNAS秘书处以公正性为原则，根据申请人的申请范围（如检测/校准/鉴定专业领域、实验室场所与规模等）组建具备相应技术能力的评审组，并征得申请人同意。除非有证据表明某评审员有影响公正性的可能，否则申请人不得拒绝指定的评审员。对于无正当理由拒不接受CNAS评审组安排的申请人，CNAS可终止认可过程，不予认可。

（2）文件评审。CNAS秘书处受理申请后，将安排评审组长审查申请资料。只有当文件评审结果基本符合要求时，才可安排现场评审。文件评审发现的问题，CNAS秘书处会反馈给申请人。必要时，CNAS秘书处会安排预评审以确定能否安排现场评审，由此产生的费用由申请人承担。

（3）现场评审。文件评审通过后，CNAS将对申请实验室安排现场评审。评审组依据CNAS的认可准则、规则、要求、实验室管理体系文件及有关技术标准对申请人申请范围内的技术能力和质量管理活动进行现场评审。现场评审覆盖申请范围所涉及的所有活动及相关场所。现场评审时间和人员数量根据申请范围内检测/校准/鉴定场所、项目/参数、方法、标准/规范等数量确定。一般情况下，现场评审的过程包括：

①首次会议。

②现场参观（需要时）。

③现场取证。

④评审组与申请人沟通评审情况。

⑤末次会议。

评审组长在现场评审末次会议上，将现场评审结果提交给被评审实验室。对于评审中发现的不符合认可的要素，被评审实验室应及时实施纠正，需要时采取纠正措施，纠正/纠正措施通常应在2个月内完成。评审组应对纠正/纠正措施的有效性进行验证。如需进行现场验证时，被评审实验室应予配合，支付评审费，并承担其他相关费用。纠正/纠正措施验证完毕后，评审组长将最终评审报告和推荐意见报CNAS秘书处。

3.2.3.3 认可评定

CNAS评定委员会将依据评审组长提交的评审报告及相关文件，对申请实验室与认可条件的符合性进行评价。对评定合格的实验室将颁发认可决定通知书和认可证书，认可证书有效期为6年。

3.2.3.4 认可后的监督管理

CNAS对认可实验室后续的监督管理分为定期监督评审、不定期监督评审和复评审。

（1）定期监督评审。定期监督评审的对象是初次获得认可的实验室，一般是在认可批准后的12个月内，CNAS会安排一次定期监督评审。定期监督评审不需要实验室申请，CNAS会自主安排。定期监督评审采取的是现场评审的方式，范围是部分要素/技术能力，定期监督评审的重点是核查实验室管理体系的维持情况及遵守认可规定的情况。

（2）不定期监督评审。不定期监督评审的对象是包括初次和已获认可的实验室，是

CNAS视需要随时安排对实验室进行的监督评审，次数随机。

不定期监督评审不需要实验室申请，CNAS会自主安排。

不定期监督评审的评审方式可以是现场评审或文件评审或其他方式，范围可以是认可范围及认可要求的全部或部分内容。当不定期监督评审中发现不符合时，被评审实验室在明确整改要求后应实施纠正，需要时拟订并实施纠正措施，纠正/纠正措施完成期限与定期监督评审要求一致。

（3）复评审。复评审是为更新认可周期而实施的评审。复评审的对象是包括初次和已获认可的实验室。复评审的次数是每2年一次复评审［**注意**：初次获准认可后，第一次复评审的时间是在认可批准之日起2年（24个月）内；两次复评审的现场评审时间间隔不能超过2年（24个月）］。

复评审不需要实验室申请，CNAS会自主安排。

复评审采取的是现场评审的方式，评审范围是全要素，全部技术能力。

（4）三种评审的区别。定期监督评审、不定期监督评审、复评审的不同之处见表3-5。

表3-5　定期监督评审、不定期监督评审、复评审的差异

	定期监督评审	不定期监督评审	复评审
对象	初次获得认可的实验室	初次和已获认可的实验室	初次和已获认可的实验室
评审次数	1次（认可批准后的12个月内）	随机	每2年一次
申请方式	不需要实验室申请	不需要实验室申请	不需要实验室申请
评审方式	现场评审	现场评审或其他方式	现场评审
评审范围	部分要素/技术能力	全部或部分要素/技术能力	全部要素、全部技术能力

3.2.4　实验室认可的相关标准和原则

3.2.4.1　实验室认可国际标准和文件

目前实验室认可国际标准为ISO/IEC 17025:2017《检测和校准实验室能力的通用要求》，该标准是实验室建立质量管理体系、规范检测和校准活动的依据，同时也是各国实验室认可机构对实验室评定认可的国际通用准则。

3.2.4.2　国内发布的实验室认可标准和文件

（1）GB/T 27025—2019《检测和校准实验室能力的通用要求》。该标准等同采用ISO/IEC 17025:2017《检测和校准实验室能力的通用要求》，规定了实验室能力、公正性以及一致运作的通用要求。适用于所有从事实验室活动的组织，不论其人员数量多少。

（2）CNAS-CL01—2018《检测和校准实验室能力认可准则》。该标准等同采用ISO/IEC 17025：2017《检测和校准实验室能力的通用要求》，CNAS使用该准则作为对检测和校准实验室能力进行认可的基本认可准则。为支持特定领域的认可活动，CNAS根据不同领域的专业特点，指定了一系列的特定领域应用说明，对该准则的通用要求进行必要的补充说明和解释，但并不增加或减少该准则的要求。

（3）CNAS的认可规范文件。目前CNAS的认可规范文件主要有通用认可规则、实验室专用认可规则、实验室基本认可规则、实验室认可应用准则、实验室认可指南、实验室认可方案6种（表3-6），可登录CNAS网站https：//www.cnas.org.cn/下载查看。

表3-6　CNAS认可规范文件

序号	文件类型	文件编号
1	通用认可规则	CNAS-R01 ~ CNAS-R03 共3个
2	实验室专用认可规则	CNAS-RL01 ~ CNAS-RL09 共9个
3	实验室基本认可规则	CNAS-CL01 ~ CNAS-CL09 共9个
4	实验室认可应用准则	CNAS-CL01-G001 ~ CNAS-CL08-A008 共53个
5	实验室认可指南	CNAS-GL001 ~ CNAS-GL044 共44个
6	实验室认可方案	CNAS-CL01-S01 ~ CNAS-CL01-S05 共5个

3.3　实验室质量控制

3.3.1　实验室质量控制的目的

实验室质量控制，包括内部质量控制和外部质量控制，是控制误差的一种手段，目的是把分析测试结果的误差控制在允许的范围内，从而保证分析结果具有一定精密度和准确度，使分析数据在给规定的置信水平内达到要求的质量。

质量控制的开展，保证了实验室检测结果的可靠性。质量控制的结果（能力验证、实验室间比对）可应用于认可机构的认可评审。

3.3.2　实验室质量控制的方法

3.3.2.1　实验室外部质量控制的方法

实验室外部质量控制简称外部控制，也称实验室间质量控制，用于检查实验室内部质量控制的效果是否存在系统误差，进一步找到误差来源，提高实验室分析水平。

实验室外部质量控制的方法包括：实验室间比对、能力验证、测量审核。

3.3.2.1.1　实验室间比对

（1）定义。实验室间比对是按照预先规定的条件，由两个或多个实验室对相同或类似的测试样品进行检测的组织、实施和评价。

（2）目的。开展实验室间比对可以确定实验室能力、识别实验室存在的问题与实验室间的差异，是判断和监控实验室能力的有效手段之一。

进行实验室间比对的目的有以下几点。

①确定实验室对特定检测或测量的能力并监测其持续能力。

②识别实验室存在的问题并采取纠正措施，可能与人员能力或设备校准有关。

③确定新方法的有效性和可比性。

④鉴别实验室之间的差异。

⑤确定一种方法的能力特性，通常称为共同试验。

⑥给标准物质赋值，并评价其适用性。

⑦使客户抱有更高的信任度。

（3）结果评价。

①对于少数几家的实验室开展的比对，一般常应用于检测/校准实验室自行开展的实验室比对的方法，常采用En值进行评价：

$$En=\frac{x-X}{\sqrt{U_x^2+U_X^2}} \qquad (3-1)$$

式中：x——实验室测量结果；

　　　X——指定值；

　　　U_x——实验室结果的扩展不确定度（置信水平95%）；

　　　U_X——指定值结果的扩展不确定度（置信水平95%）。

当$|En|\leqslant1$时，表示比对结果满意；

当$|En|>1$时，表示比对结果不满意。

②对于多数几十家或更多的实验室开展比对，一般常用于政府相关部门对于检测/校准实验室开展的能力验证行为，常采用Z比分数进行评价：

$$Z=\frac{x-X}{\hat{\sigma}} \qquad (3-2)$$

式中：x——实验室测量结果；

　　　X——指定值；

　　　$\hat{\sigma}$——标准差。

当$|Z|\leqslant2$时，表示比对结果满意；

当$|Z|\geqslant3$时，表示比对结果不满意；

当$2<|Z|<3$时，表示比对结果可疑。

3.3.2.1.2　能力验证

（1）定义。能力验证是利用实验室间比对确定实验室的校准/检测能力。能力验证是为了确定实验室是否具有所从事的校准/检测活动的能力，以及监控实验室能力的持续性而开展的活动。

（2）目的。CNAS-RL02《能力验证规则》中规定，获准认可的实验室和申请认可的实验室必须参加能力验证活动，参加能力验证的领域和频次应满足CNAS能力验证领域和频次的要求（见CNAS-RL02附录B）。

国家认证认可监督管理委员会2006年第9号公告《实验室能力验证实施办法》中说明，国家认监委定期公布能力验证满意结果的实验室名单；达到满意结果的实验室和能力验证的提供者，在规定时间内接受实验室资质认定、实验室认可评审时，可以免于该项目的现场试验；鼓励各有关方面利用能力验证结果，优先推荐或选择达到满意结果的实验室承担政府委托、授权或者指定的检验检测任务。

参加能力验证活动对实验室具有以下作用：

①确定某个实验室进行某些特定检测或测量的能力，以及监控实验室的持续能力，可起到确保实验室维持较高的检测或校准、检定工作水平的作用，也有利于实验室的自我评定。

②识别实验室中的问题并制定相应的补救措施，从而对实验室的质量控制及管理起到补充、纠正和完善的作用。

③确定新的检测和测量方法的有效性和可比性，并对这些方法进行相应的监控。

④通过能力验证活动，增强了客户对实验室可持续出具可靠的检测和校准结果的信任，同时也增强了实验室的自信心。

（3）结果评价。国际上对检测实验室能力验证结果进行评价时常采用稳健统计方法，用中位值和标准化四分位距（NIQR）值替代传统的算术平均值和标准偏差，稳健统计法可降低极端值（即离群值）对统计结果的影响，无须进行数据剔除，对于能力验证的结果只要求近似于正态分布。

当$|Z|\leqslant 2$时，测量结果出现于该区间的概率在95%左右，为满意结果；

当$2 < |Z| < 3$时，测量结果出现于该区间的概率在5%左右，为可疑或有问题结果，应查找原因；

当$|Z| \geqslant 3$时，测量结果出现于该区间的概率小于1%，为小概率事件，离群，为不满意结果。

$|Z|$越小，说明结果的精度越高。

3.3.2.1.3 测量审核

（1）定义。测量审核是将单个参加者对被测物品进行检测的结果与指定值进行比较和评价的活动。

（2）目的。测量审核是能力验证活动的一种，是合格评定机构对被测物品（材料或制品）进行检测/校准，将检测/校准结果与参考值进行比较的一项技术活动。它已逐渐成为检测/校准机构及时获得能力验证的重要途径和中国合格评定国家认可委员会（CNAS）能力验证计划的重要补充，在合格评定机构满足认可申请条件和整改活动中发挥了积极的作用。作为一个检测机构，利用好测量审核工作，及时发现自身问题，不断地改进，持续保持技术能力，是检测机构追求的目标。

（3）结果评价。

①En值。

$|En| \leqslant 1$，表明测量审核结果为满意，无需采取进一步措施；

$|En| > 1$，标明测量审核结果为不满意，产生措施信号。

②Z比分数。

当$|Z| \leqslant 2$时，表明测量审核结果为满意，无需采取进一步措施；

当$2 < |Z| < 3$时，表明测量审核结果为有问题，产生警戒信号；

当$|Z| \geqslant 3$时，表明测量审核结果为不满意，产生措施信号。

3.3.2.2 实验室内部质量控制的方法

实验室内部质量控制简称内部控制，是实验室自我控制质量的常规程序，它能反映分析质量稳定性状况，能及时发现分析中的随机误差和新出现的系统误差，随时采取相应的纠正措施。

实验室内部质量控制方法包括：使用标准物质监控；留样再测；内部比对（包括人员比对、仪器设备比对、方法比对）；质量控制图；加标回收试验；空白试验。

3.3.2.2.1 标准物质监控

（1）质控过程。使用有证标准物质（参考物质）和（或）次级标准物质（参考物质）

进行质量监控是最方便，也是最有效的内部质量控制方法，可以查找系统误差，寻求改进。通常的做法是实验室直接用合适的有证标准物质或内部标准样品作为监控样品，定期或不定期将监控样品以比对样或密码样的形式，与样品检测以相同的流程和方法同时进行，检测室完成后上报检测结果。检测完毕后用准确度来对检测质量进行评价，准确度是指重复分析标准物质测定的含量与真值的偏差程度。

（2）适用范围。一般用于新检测项目、新标准新方法、检测过程的关键控制点、操作难度大的项目、设备的校准和核查、实验室人员监督及新进人员盲样考核等。这种方法的特点是可靠性高，但成本高。

3.3.2.2.2　留样再测

（1）质控过程。留样再测是实验室较为常用的一种质量控制手段，不但能体现测试结果的可靠性，而且能反应样品的稳定性、存储条件的影响程度以及实验室人员操作差异等方面的信息。留样再测指在不同的时间，再次对同一样品进行检测，通过比较前后两次测定结果的一致性来判断检测过程是否存在问题，验证检测数据的可靠性和稳定性。若两次检测结果符合评价要求，则说明实验室该项目的检测能力持续有效；若不符合，应分析原因，采取纠正措施，必要时追溯前期的检测结果。留样复测应注意所用样品的性能指标的稳定性，即应有充分的数据显示或经专家评估，表明留存的样品赋值稳定。

（2）适用范围。留样再测主要适用于：有一定水平检测数据的样品或阳性样品、待检测项目相对比较稳定的样品以及当需要对留存样品特性的监控、检测结果的再现性进行验证等。但留样复测只能对检测结果的重复性进行控制，不能判断检测结果是否存在系统误差。

3.3.2.2.3　人员比对

（1）质控过程。由不同检测人员对同一样品，用同一方法，在相同的检测仪器上完成检测任务，比较检测结果的符合程度，判定检测人员操作能力的可比性和稳定性。实验室进行人员比对，比对项目尽可能选择检测环节复杂一些，手动操作步骤多一些的项目。检测人员之间的操作要相互独立，避免相互之间存在干扰。

在组织人员比对时最好始终以本实验室经验丰富和能力稳定的检测人员所报结果为参考值。

（2）适用范围。实验室内部组织的人员比对，主要用于考核新进人员、新培训人员的检测技术能力和监督在岗人员的检测技术能力两个方面。

3.3.2.2.4　仪器比对

（1）质控过程。仪器比对是指同一检测人员运用不同仪器设备，对相同的样品使用相同检测方法进行检测，比较测定结果的符合程度，判定仪器性能的可比性。仪器比对的考核对象为检测仪器，主要目的是评价不同检测仪器的性能差异（如灵敏度、精密度、抗干扰能力等）、测定结果的符合程度和存在的问题。所选择的检测项目和检测方法应能够适合和充分体现参加比对的仪器的性能。

（2）适用范围。仪器比对通常用于实验室对新增或维修后仪器设备的性能情况进行的核查控制，也可用于评估仪器设备之间的检测结果的差异程度。进行仪器比对，尤其要注意保持比对过程中除仪器之外其他所有环节条件的一致性，以确保结果差异对仪器性能的充分响应。

3.3.2.2.5 方法比对

（1）质控过程。方法比对是指同一检测人员对同一样品采用不同的检测方法，检测同一项目，比较测定结果的符合程度，判定其可比性，以验证方法的可靠性。

方法比对的考核对象为检测方法，主要目的是评价不同检测方法的检测结果是否存在显著性差异。比对时，通常以标准方法所得检测结果作为参考值，用其他检测方法的检测结果与之进行对比，方法之间的检测结果差异应该符合评价要求，否则，即证明非标方法是不适用的，或者需要进一步修改、优化。

（2）适用范围。方法比对主要用于考察不同的检测方法之间存在的系统误差，监控检测结果的有效性，其次也用于对实验室涉及的非标方法的确认。

3.3.2.2.6 质量控制图

（1）质控过程。质量控制图是实验室进行内部质量控制最重要的工具之一，其基础是将控制样品与待测样品放在一个分析批中一起进行分析，然后将控制样品的结果（即控制值）绘制在控制图上，实验室可以从控制图中控制值的分布及变化趋势评估分析过程是否受控、分析结果是否可以接受，如图3-3所示。

在控制图中，如果所有控制值都落在上下警告限之间，表明分析程序在规定的限值范围内运行，可以报告待测样品的分析结果。如果控制值落在上下行动限之外则说明分析程序有问题，不得报告待测样品的分析结果，而应采取纠正行动，识别误差的来源并予以消除。如果控制值落在警告限之外但在行动限之内，则应根据特定的规则进行评估。

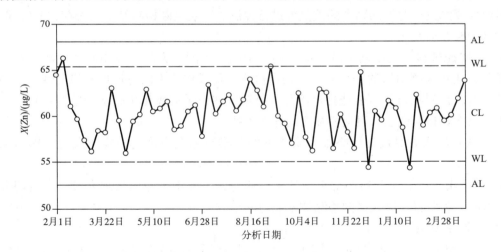

图3-3 控制图

（2）适用范围。

①当希望对过程输出的变化范围进行预测时。

②当判断一个过程是否处于统计受控状态时。

③当分析过程变异来源是随机性还是非随机性时。

④当决定怎样完成一个质量改进项目时应防止特殊问题的出现，或对过程进行基础性的改变。

⑤当希望控制当前过程，问题出现时能察觉并对其采取补救措施时。

3.3.2.2.7　加标回收试验

（1）质控过程。加标回收试验，通常是在试样中加入已知含量的待测组分，与试样同时进行测定，计算出加入待测组分回收率。用来评价实验室的检测能力，测定方法或检测仪器的准确度及检测结果的准确性。通常情况下，回收率越接近100%，定量分析结果的准确度就越高。

（2）适用范围。回收率试验具有方法操作简单，成本低廉的特点，能综合反映多种因素引起的误差，在检测实验室日常质量控制中有十分重要的作用，主要适用范围包括：各类化学分析中，如各类产品和材料中低含量重金属、有机化合物等项目检测结果控制、化学检测方法的准确度、可靠性的验证、化学检测样品前处理或仪器测定的有效性等。

3.3.2.2.8　空白试验

（1）质控过程。空白试验，是在不加待测样品，用与测定待测样品相同的方法、步骤进行定量分析，获得分析结果的过程。空白试验测得的结果称为空白试验值，简称空白值。空白值一般反映测试系统的本底，包括测试仪器的噪声、试剂中的杂质、环境及操作过程中的沾污等因素对样品产生的综合影响，它直接关系到最终检测结果的准确性，可从样品的分析结果中扣除。通过这种扣除可以有效降低由于试剂不纯或试剂干扰等所造成的系统误差。

（2）适用范围。实验室通过做空白试验，一方面可以有效评价并校正由试剂、实验用水、器皿以及环境因素带入的杂质所引起的误差；另一方面在保证对空白值进行有效监控的同时，也能够掌握不同分析方法和检测人员之间的差异情况。此外，做空白测试，还能够准确评估该检测方法的检出限和定量限等技术指标。

参考文献

［1］CNAS–RL01—2019 实验室认可规则［S］.

［2］CNAS–GL002—2018 能力验证结果的统计处理和能力评价指南［S］.

［3］CNAS–GL027—2018 化学分析实验室内部质量控制指南：控制图的应用［S］.

第4章　口罩检测技术要求

4.1　过滤效率

4.1.1　目的及原理

新型冠状病毒肺炎（COVID-19）的病原体是一种高致病性的β冠状病毒，这种病毒有包膜，呈圆形或椭圆形，多见为多边形，直径在60～140mm。研究表明，新型冠状病毒主要通过飞沫进行传播。飞沫悬浮在空气中，人们在日常活动中极易与飞沫发生接触，因此，对飞沫的防护十分必要。直径为0.5～20μm的飞沫是一种非油性颗粒物，要预防新型冠状病毒侵入人体，口罩等防疫产品就必须能够有效地起到防护作用。因此，对防疫类纺织品过滤效率的研究具有十分重大的意义。

新版国家标准GB 2626—2019《呼吸防护　自吸过滤式防颗粒物呼吸器》对过滤效率的定义是，在规定的检测条件下，过滤元件滤除颗粒物的水平。与旧版国家标准GB 2626—2006《呼吸防护用品　自吸过滤式防颗粒物呼吸器》相比，新版国家标准的定义囊括的范围更加宽泛，主要针对过滤元件滤除颗粒物的能力强弱进行判定呼吸器的过滤性能。

医用类口罩产品过滤效率的指标增添了关于细菌过滤效率的内容。YY 0469—2011《医用外科口罩》对过滤效率的定义是，在规定的检测条件下，过滤元件滤除颗粒物的百分比。同时医药行业标准增加了关于细菌过滤效率的内容，对细菌过滤效率的定义是，在规定的流量下，口罩材料对悬浮粒子滤除的百分数。

防疫类纺织品的核心检测内容是对颗粒物的滤除能力进行评定，本节从防疫类纺织品的检测流程、作业指导入手，对国内外关于防疫类纺织品的相关检测内容进行详细的说明，提高大家对相关检测标准的科学认识。

4.1.2　检测人员岗位要求

（1）检测人员通过学习和培训，熟悉过滤效率相关检测标准，能掌握过滤效率的测试原理。

（2）检测人员能熟练操作过滤效率的测试仪器。

（3）检测人员经培训并考核合格后方可上岗。

4.1.3　检测流程

检测流程如图4-1所示。

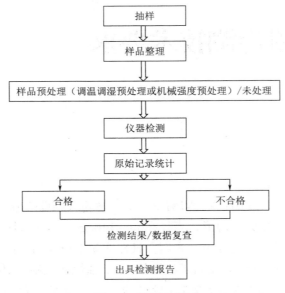

图4-1　检测流程图

4.1.4　国内标准检测规程

4.1.4.1　GB 2626—2019《呼吸防护　自吸过滤式防颗粒物呼吸器》

（1）测试原理。在规定的检测条件下，过滤元件滤除颗粒物的水平。

（2）测试介质。用氯化钠（NaCl）颗粒物检测KN类过滤元件，用邻苯二甲酸二辛酯（DOP，dioctyl phthalate）或性质相当的油类颗粒物（如石蜡油）检测KP类过滤元件。

（3）检测数量及要求。

①随弃式面罩20个样品，若产品有不同大小号码，则每个号码至少5个样品。其中5个为经调温调湿预处理后样品，其余为未处理后样品。

②可更换式过滤元件20个样品，应包括滤棉和放置滤棉的承接座部件（如果适用）。其中5个为经调温调湿预处理后样品，另外5个为经机械强度预处理后样品（如果适用）；对满足清洗和消毒要求的产品，还应至少有5个为经清洗或消毒预处理后的样品；其余为未处理样品。

（4）检测条件。

①调温调湿预处理。将样品从原包装中取出，按下述条件依次进行处理：

a. 在（38±2.5）℃和（85±5）%相对湿度环境放置（24±1）h，室温下放置至少4h；

b. 在（70±3）℃干燥环境放置（24±1）h，室温下放置至少4h；

c. 在（−30±3）℃环境放置（24±1）h，室温下放置至少4h；

d. 将经预处理后样品应放置在气密性容器中，并在10 h内完成检测。

②机械强度预处理。

a. 将样品从包装中取出，非封装型过滤元件应为最小销售包装；

b. 将样品侧放在钢制箱体内。放置方式应保证检测中样品不会彼此接触，允许有6mm水平移动间隔和自由垂直移动的距离；

c. 振动检测持续时间20min；

d. 检测结束后，再进行后续检测。

③清洗或消毒预处理。应根据产品说明所推荐的清洗或消毒方法，和允许清洗或消毒后重复使用的最大次数，对样品进行预处理。每进行一次清洗或消毒，先确保样品完全干燥，然后按制造商提供的方法判断清洗或消毒后的样品是否符合有效记录结果，然后再开始下次的清洗或消毒预处理。

（5）技术要求。对过滤效率进行检测（图4-2），每个样品的过滤效率应始终符合表4-1的要求。

图4-2　过滤效率上机操作图

表4-1　过滤效率技术要求

过滤元件的类别和级别	用氯化钠颗粒物检测	用油类颗粒物检测
KN90	≥90.0%	不适用
KN95	≥95.0%	
KN100	≥99.97%	
KP90	不适用	≥90.0%
KP95		≥95.0%
KP100		≥99.97%

4.1.4.2　GB/T 32610—2016《日常防护型口罩技术规范》

（1）测试原理。通过气溶胶发生器产生一定浓度及粒径分布的气溶胶颗粒，以规定气体流量通过口罩罩体，使用适当的颗粒物检测装置检测通过口罩罩体前后的颗粒物浓度。以气溶胶通过口罩罩体后颗粒物浓度减少量的百分比来评价口罩罩体对颗粒物的过滤效率。

（2）测试介质。非油性颗粒物测试以氯化钠（NaCl）颗粒物为代表，油性颗粒物测试以癸二酸二异辛酯（DEHS）或其他适用油类（如石蜡油）颗粒物为代表。

①非油性颗粒物过滤效率检测系统要求。

a. NaCl颗粒物的浓度不超过$30mg/m^3$，计数中位径（CMD）为（0.075 ± 0.020）μm，粒度分布的几何标准偏差不大于1.86。

b. 颗粒物检测的动态范围为$0.001 \sim 100mg/m^3$，精度为1%。

c. 检测流量范围为$30 \sim 100L/min$，精度为2%。

d. 过滤效率的检测范围为$0 \sim 99.999\%$。

e. 应具有能将所发生颗粒物的荷电进行中和的装置。

②油性颗粒物过滤效率检测系统要求。

a．DEHS或其他适用油类（如石蜡油）颗粒物的浓度不超过30mg/m³，计数中位径（CMD）为（0.185±0.020）μm，粒度分布的几何标准偏差不大于1.60。

b．颗粒物检测的动态范围为0.001～100mg/m³时，精度为1%。

c．检测流量范围为30～100L/min，精度为2%。

d．过滤效率的检测范围为0～99.999%。

（3）检测数量及要求。取16个样品，分为两组，一组使用盐性介质测试，另一组使用油性介质测试。每组中5个为未经处理样品，3个为按调温调湿预处理方式处理样品，测试环境温度为（25±5）℃，相对湿度为（30±10）%。

（4）检测条件。

①在（38±2.5）℃和（85±5）%相对湿度环境放置（24±1）h，室温下放置至少4h。

②在（70±3）℃干燥环境放置（24±1）h，室温下放置至少4h。

③在（-30±3）℃环境放置（24±1）h，室温下放置至少4h。

将经预处理后样品放置在气密性容器中，并在10h内完成检测。

（5）技术要求。将过滤效率分Ⅰ级、Ⅱ级、Ⅲ级，各级对应指标值见表4-2。

表4-2　过滤效率级别要求

过滤效率分级		Ⅰ级	Ⅱ级	Ⅲ级
过滤效率/%	盐性介质	99	95	90
	油性介质	99	95	80

4.1.4.3　GB/T 38880—2020《儿童口罩技术规范》

（1）测试原理。在规定条件下，口罩罩体过滤颗粒物的能力，用百分数表示。

（2）测试介质。同GB/T 32610—2016《日常防护型口罩技术规范》一致。

（3）检测数量及要求。儿童防护口罩按GB/T 32610—2016中附录A规定执行。取10个样品，其中5个为未经处理样品，5个为按规定预处理样品；测试介质采用NaCl颗粒物；测试时将口罩展开并使用适当的夹具固定。

儿童卫生口罩按YY 0469—2011中5.6.2规定执行，取3个样品，测试时将口罩展开并使用适当的夹具固定。

（4）检测条件。

①儿童防护口罩类产品将样品从原包装中取出，按下述条件依次进行处理：

a．在（38±2.5）℃和（85±5）%相对湿度环境放置（24±1）h，室温下放置至少4h；

b．在（70±3）℃干燥环境放置（24±1）h，室温下放置至少4h；

c．在（-30±3）℃环境放置（24±1）h，室温下放置至少4h。

将经预处理后样品放置在气密性容器中，并在10h内完成检测。

②儿童卫生口罩类产品按以下要求进行试验。

a．样品预处理。试验之前，将样品从包装中取出，置于相对湿度为（85±5）%、温度为（38±2.5）℃的环境中（25±1）h进行样品预处理。然后将样品密封在一个不透气的容器中，试验应该在样品预处理结束后的10h内完成。

b. 测试过程。应使用在相对湿度为（30±10）%、温度为（25±5）℃的环境中的氯化钠气溶胶或类似的固体气溶胶［计数中位经（CMD）（0.075±0.020）μm；颗粒分布的几何标准偏差≤1.86；浓度≤200mg／m³］进行试验。空气流量设定为（30±2）L/min，气流通过的截面积为100cm²。

（5）技术要求。儿童口罩的颗粒过滤效率应符合表4-3的要求。

表4-3　儿童口罩的颗粒过滤效率要求

项目	儿童防护口罩（F）	儿童卫生口罩（W）
颗粒过滤效率/%	≥95	≥90

4.1.4.4　GB 19083—2010《医用防护口罩技术要求》

（1）测试原理。在气体流量85L/min情况下，口罩罩体过滤非油性颗粒物的能力。

（2）测试介质。氯化钠（NaCl）颗粒物。

（3）检测数量及要求。取6个口罩，打开包装，其中3个进行温度预处理，3个不进行预处理。

（4）检测条件。

①在（70±3）℃干燥环境下放置（24±1）h，室温放置至少4h。

②在（-30±3）℃环境下放置（24±1）h，室温放置至少4h。

（5）技术要求。口罩对非油性颗粒物过滤效率应符合表4-4的要求。

表4-4　过滤效率等级要求

等级	过滤效率/%
1级	≥95
2级	≥99
3级	≥99.97

4.1.5　国外标准检测规程

4.1.5.1　EN 149:2001+A1:2009《呼吸防护装置　可防微粒的过滤式半面罩的要求、试验、标记》

（1）试验要求（表4-5）。

表4-5　EN 149:2001+A1: 2009试验要求

标准号	样品类型	试验种类	样品处理要求及数量	测试流量/（L/min）	结果出具
EN 13274-7:2019	不可重复使用	穿透率试验	未经过处理（A.R.）3个 经模拟穿戴预处理（S.W.）3个	95	试验开始3min后，30s内的平均穿透率
		暴露试验	经机械强度预处理，再经温度处理（M.S+T.C.）3个		暴露试验，加载120mg的最大穿透率
	可重复使用	先做暴露试验，再做存储试验［存储（24±1）h］，最后做穿透试验	经机械强度预处理，再经温度预处理，再经过制造商提供的清洗和消毒周期处理（M.S+T.C.+C.D.）3个		试验开始3min后，30s内的平均穿透率

（2）检测条件。

①温度预处理。

a．在（70±3）℃干燥环境下放置（24±1）h，室温放置至少4h；

b．在（-30±3）℃环境下放置（24±1）h，室温放置至少4h。

注意：为了保证样品能充分进行温度调节预处理，处理过程中必须把样品摆放好，不能将样品堆叠放置。

②模拟穿戴预处理。将呼吸机呼吸频率调至25次/min，潮气量为2L/min，饱和器的温度设置为37℃。然后开始预热仪器，待仿真头嘴中的空气温度达到（37±2）℃时，开始进行模拟穿戴预处理。为了确保呼出气体温度能达到37℃，进行预处理前需要将温度计放置在仿真头嘴边，测量一下嘴边周围空气是否与仪器显示的温度一致，是否能达到（37±2）℃。若达不到（37±2）℃，可以适当升高设置温度或降低设置温度。每个样品应在20min内在虚拟头模上穿戴10次。

③机械强度预处理。将样品侧放入机械强度预处理机的钢制箱体中上下振荡20min，放置样品时，应保证处理中的样品不会彼此接触。

④清洁和消毒预处理。按照制造商说明进行一个清洁和消毒周期。

（3）检测步骤。样品预处理完毕后，进行测试，油性和盐性分别测试。

①穿透测试。将过滤效率测试仪器的测试流量调节至95L/min，选择气溶胶类型（盐性或油性）。

盐性测试：将气溶胶浓度调节至4~12mg/m³，当浓度稳定（5min内浓度变化不大于±3%），测试环境温度达到（22±3）℃，湿度低于40%时，放入面罩进行渗透测试，等测试开始3min之后，记录（30±3）s内的平均穿透率。记录9个面罩穿透测试的平均渗透。

油性测试：将气溶胶浓度调节至15~25mg/m³，当浓度稳定（5min内浓度变化不大于±3%），测试环境温度达到（22±3）℃，湿度低于40%时，放入面罩进行渗透测试，等测试开始3min之后，记录（30±3）s内的平均穿透率。记录9个面罩穿透测试的平均渗透。

②暴露测试。经过机械预处理和温度调节预处理的3个不可重复使用的面罩还需要进行暴露试验，将过滤效率测试仪切换到加载模式，气溶胶加载量设置至120mg，开始测试，每隔5min，记录一次穿透情况。若穿透率持续下降5min，记录最大的穿透率提前结束测试，若没有出现持续下降情况，直到颗粒物加载至120mg结束测试，报告最大穿透率。

③存储试验。对于重复使用的颗粒过滤半面罩才需要进行。暴露试验结束后应立即进行存储试验，将面罩放入温度为16~32℃、相对湿度为（50±30）%的环境中（24±1）h，保证面罩之间不相互接触，存储后再进行穿透试验，记录试验开始3min后，30s内的平均穿透率。

④在原始记录上记录穿透试验、暴露试验、存储试验对应的穿透率。

（4）测试环境。温度16~32℃，相对湿度（50±30）%。

（5）技术要求（表4-6）。

表4-6　过滤材料的穿透率

分类	测试气雾剂的最大渗透率/%	
	氯化钠测试95L/min	石蜡油测试95L/min
FFP1	20	20
FFP2	6	6
FFP3	1	1

4.1.5.2　ASTM F2100:2019e1《医用口罩用材料性能的标准规范》

（1）样品数量。随机抽取5个试样。

（2）检测条件。在相对湿度30%~50%、温度（21±3）℃的环境下处理样品，并将所有样品放在密闭容器中保存，避免不必要的污染和测试前处理。

（3）检测步骤。

①检查仪器测试参数是否正常，把样品展开，放入测试区域，并夹紧，保证密封状态。

②经过对上下游乳胶球粒子1min的采集后，仪器会自动计算出过滤效率。

③记录5个样品对0.1μm乳胶粒子的过滤效率。

（4）技术要求。利用ASTM过滤效率测试仪测试医用口罩所用材料的过滤效率（图4-3），应符合表4-7的要求。

图4-3　ASTM过滤效率测试仪

表4-7　医用口罩颗粒过滤效率要求

项目	1级防护	2级防护	3级防护
0.1μm颗粒过滤效率/%	≥95	≥98	≥98

4.1.6　关键控制点

（1）加强对仪器的维护保养，并且定期用质控样进行核查。

（2）测试不同面积的样品时，注意夹持样品后是否保持密封状态。

4.2　抗合成血液穿透

4.2.1　目的及原理

由于血源性感染占医院感染的高比例和高致死率，抗合成血液穿透的性能检测越来越受到人们的关注。在医疗卫生行业，医务人员在工作的过程中会面对罹患各种疾病的患者，而某些能够导致人体感染和传染疾病的病毒、细菌和寄生虫可以通过血液进行传播，因此血液传播是医务人员所面临的主要职业危害之一，而抗血液穿透性能是防护类产品降低医护人员职业风险的重要保障。

抗合成血液穿透性能是医用防护产品的一个重要检验指标，即应用一种与血液表面张力及黏度相当的、用于试验的合成液体，通过模拟防护服或者面罩被穿孔血管血液喷溅的场景，以评估防护服和面罩对合成血液等液源性液体喷射的安全防护性能。

在防护口罩方面，主要有国家标准GB 19083—2010《医用防护口罩技术要求》、行业标准YY 0469—2011《医用外科口罩》、欧洲标准EN 14683:2019+AC:2019《医用口罩要求和试验方法》、美国标准ASTM F2100:2019e1《医用口罩用材料性能的标准规范》等规定了医用口罩抗合成血液穿透的要求和测试方法。

4.2.2　检测人员岗位要求

（1）检测人员应遵守操作规范，并接受抗合成血液穿透检测方面的培训，考核通过取得上岗证后方可胜任该岗位。

（2）相关人员应具备基本的抗合成血液穿透检测概念，熟悉相关检测标准与流程，并熟练操作各种抗合成血液穿透测试仪器。

4.2.3　检测流程

检测流程如图4-1所示。

4.2.4　国内标准检测规程

4.2.4.1　YY 0469—2011《医用外科口罩》

（1）检测原理。将2mL合成血液以16.0kPa压力喷向口罩，口罩内侧不应出现渗透。

（2）检测步骤。将样品固定在口罩抗合成血液测试仪的样品夹具上（图4-4），在距样品中心位置30.5cm处，将2mL表面张力为（0.042 ± 0.002）N/m的合成血液以16.0kPa（120mmHg）的压力从内径为0.84mm的针管中沿水平方向喷向被测样品的目标区域，取下后10s内目视检查，检查样品内侧面是否有渗透。如果目视检查可疑，可以用吸水棉拭子或类似物在目标区域内侧进行擦拭，然后判断是否有合成血液渗透。

（3）检测原料。合成血液的配方组成主要是：羧甲基纤维素钠、吐温20、氯化钠（分析纯）、甲基异噻唑酮（MIT）、苋菜红染料和蒸馏水。

配制方法如下：

①将羧甲基纤维素钠溶解在水中，在磁力搅拌器上搅拌60min。

②在一个小烧杯中称量吐温20，并加入水混匀。

③将吐温20溶液加到上述羧甲基纤维素钠溶液中，用蒸馏水将烧杯洗几次并加到前溶液中。

④将氯化钠溶解在溶液中，加入MIT和苋菜红染料。

⑤用2.5mol/L的氢氧化钠溶液将合成血液的pH调节至7.3 ± 0.1。

⑥用表面张力仪测量合成血液的表面张力，结果应符合（0.042 ± 0.002）N/m，如果超出此范围，则不能使用。

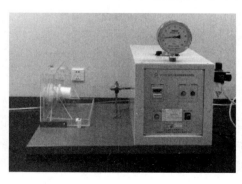

图4-4　口罩抗合成血液测试仪

（4）检测数量及要求。取3个样品，将样品置于温度（21±5）℃、相对湿度（85±5）% 的环境下预处理至少4h，取出后1min内进行试验。

（5）技术要求。利用口罩抗合成血液测试仪，根据表4-8给出的现象分析出样品是否 合格。

表4-8　合成血液渗透现象评定

现象	结论
样品内侧是/否有合成血液穿透	渗透/未渗透

4.2.4.2　GB 19083—2010《医用防护口罩技术要求》

（1）检测原理。将2mL合成血液以10.7kPa（80mmHg）压力喷向口罩，口罩内侧不应出 现渗透。

（2）检测步骤。

①在医用面罩内侧表面滴上一小滴合成血液，保证穿透材料的液体可以被看到；将喷射 头安放在距试样靶区（300±10）mm的位置。

②将样品从预处理室中取出，定位并固定在装置上使得合成血准确喷射到靶区上。**注 意**：如果面罩有皱褶，应将皱褶展开，保证靶区位置为单层材料。

③将合成血喷向试样。**注意**：试验须在试样从预处理室中取出后60s内进行。

④在合成血喷向靶区后（10±1）s检查试样。在合适的光照条件下观察试样的内侧面是 否有合成血出现或能表明合成血出现的迹象。

⑤采用定靶板可以增加合成血液喷射到面罩上液体速度的准确性。定靶板是试验装置的 附加件，是一个带0.5cm孔的平板，平板定位在导管和医用面罩样品之间，距面罩1cm，板孔 对应面罩的中心，这样喷射的液体穿过板孔后会喷射到面罩的中心位置。定靶板挡掉了喷射 的液体流的高压边缘部分，只让稳态流部分喷射到面罩样品上，增大了喷射到样品上液体速 度的准确性和重复性。

（3）检测原料。合成血液的配方组成主要是：羧甲基纤维素钠、吐温20、氯化钠（分 析纯）、甲基异噻唑酮（MIT）、苋菜红染料、磷酸二氢钾、磷酸氢二钠和蒸馏水。

配制方法如下：

①将羧甲基纤维素钠溶解在水中，在磁力搅拌器上搅拌60min以混匀。

②在一个小烧杯中称量吐温20，并加入水混匀。

③将吐温20溶液加到上述羧甲基纤维素钠溶液中，用蒸馏水将烧杯冲洗几次并加到前 溶液中。

④将氯化钠溶解在溶液中，将磷酸二氢钾和磷酸氢二钠溶解在溶液中。

⑤加入MIT和苋菜红染料。

⑥用磷酸盐缓冲液将合成血液的pH调节至7.3±0.1。

⑦用表面张力仪测量合成血液的表面张力，结果应是（0.042±0.002）N/m，如果超出此 范围，则不能使用。

（4）检测数量及要求。取5个样品，将样品置于温度（21±5）℃、相对湿度（85±5）% 的环境下预处理至少4h，口罩样品从环境箱中取出后1min内进行试验。

（5）技术要求。通过表4-9给出的现象分析出样品是否合格。

表4-9 合成血液渗透现象评定

现象	结论
样品内侧是/否有合成血液穿透	渗透/未渗透

4.2.5 国外标准检测规程

4.2.5.1 EN 14683:2019+AC:2019《医用口罩要求和试验方法》

（1）检测原理。样品医用口罩支撑在设备上，调整撞击的距离、孔口的大小和液体的速度，在样本口罩上水平注射一定量的合成血，以模拟口罩被穿刺的血管飞溅的情况。

在医用口罩佩戴在佩戴者面部上，任何合成血液渗透的迹象均会造成损伤。EN 14683:2019+AC:2019应用的是在对应于人体血压为16.0kPa的速度下的测试结果，并且将医用口罩定为最高相应的血压，为此医用口罩标本证明可接受的质量极限为4.0。

（2）检测步骤。

①在医用口罩的正常内表面上滴一小滴合成血液。液滴应清晰可见，以确保可以看到穿透材料的任何液滴。如果不是，应在医用口罩的正常内表面上使用滑石粉，以增强液滴的可见性。

②从调节室中取出样品。将样品安装在固定架上，使合成血液可以撞击目标区域。若面罩有褶皱，应将面罩的褶皱展开，以呈现单层材料作为目标区域。

③将合成血液喷到目标区域，且保证样品从调节室中取出后60s内进行测试。

④在合成血液喷向靶区（10±1）s后检查试样。在合适的光照条件下观察试样的内侧面是否有合成血液出现或其他潮湿迹象，或两者同时出现。如果对合成血液的可见渗透率有任何疑问，用棉签或类似物品轻轻涂抹目标区域。

（3）检测原料。合成血液主要由表面活性剂、增稠剂、无机盐和蒸馏水混合而成，其表面张力类似血液和其他一些体液，但此测试方法中的合成血液不能模拟血液或体液的所有特征。合成血液配制方法如下：

①为了减少生物污染，将足够量的蒸馏水煮沸5min并冷却至室温。煮沸后需在（20±1）℃下测量水量。

②将增稠剂添加到蒸馏水中，并在室温下用磁力搅拌器上搅拌45min。

③加入红色染料，再搅拌15min。

④校正合成血液的表面张力，校正后表面张力应符合（0.042±0.002）N/m。如果超出此范围，则不能使用。

（4）检测数量及要求。使用完整的医用口罩作为测试样本。如果在医用口罩的设计中，在不同位置指定了不同的材料或材料的厚度，则需分别测试样品的每个区域；如果在设计医用口罩时声称接缝具有与基础材料相同的保护作用，则需分别测试口罩的这些区域。对每种类型、设计或批次的医用口罩每次测试应随机抽取足够数量的样本。一个提供4.0%的可接受质量限值（AQL）的采样计划需要32个样本。

（5）检测条件。

①一般情况下，可以使用受控的温度和湿度室或空间，将每个样品暴露在（21±5）℃

和相对湿度（85±5）%下，至少预处理4h，来评估可能降低医用口罩有效性的机制。

②在温度为（21±5）℃和相对湿度为（85±10）%的环境中进行所有测试。

注意：降低医用口罩有效性的机制不包括可能对保护屏障的性能产生负面影响的物理、化学和热应力引起的性能下降的测试，可能会导致错误的安全感。

（6）技术要求。医用口罩的抗合成血液穿透性能要求应符合表4-10。

表4-10　医用口罩的抗合成血液穿透性能要求

要求	Type Ⅰ	Type Ⅱ	Type ⅡR
压力/kPa	没要求	没要求	≥16.0

4.2.5.2　ASTM F2100:2019《医用口罩用材料性能的标准规范》

（1）检测原理。通过气动控制阀将合成血液从设定的距离分布在样本口罩上，以模拟血液或其他体液对样本的冲击飞溅，并根据模拟给定的参数方案，设置流体的速度和体积。一般以450、500和635cm/s的速度评估样本医用口罩，这些速度与人体血压为10.7kPa、16.0kPa和21.3kPa（80mmHg、120mmHg和160mmHg）时小动脉穿刺的速度相对应。在每种速度或相对应的压力下报告测试结果，医用口罩在相对应的最高血压下进行评级，医用口罩样品的可接受质量限值为4.0。

（2）检测步骤。

①将一小滴合成血液放在额外的医用口罩的正常内表面上。液滴必须保持清晰可见，以确保可以看到液滴穿透材料。如果没有看到，在医用口罩的正常内表面使用滑石粉，以增强水滴的可见性。

②将试样口罩安装在试样固定装置上，并放置试样，使合成血液的冲击发生在口罩的所需区域内，并以所需角度发生，同时确保目标区域内的张力一致。如果口罩上有褶皱，将口罩安装到测试夹具上时，将褶皱展开，以呈现单层材料和试样中心作为目标区域；如果试样不能很容易地放置在试样夹持夹具中，则应以一种能够保持一致张力的方式固定试样，而不会折叠、起皱，或以不适当的方式呈现接触区域。

③将套管出口定位在距试样口罩目标区域30.5cm处，将合成血液喷射在试样医用口罩上，且确保合成血液到达医用口罩的目标区域。

④在向目标区域喷射合成血液后10s内，观察检查试样的内侧是否有合成血液。使用适当的照明，注意观察试样的内侧是否出现任何合成血液或其他潮湿迹象，或两者兼而有之。如果合成血液的渗透性不明显，可使用棉签或类似物品轻轻涂抹目标区域。

（3）检测原料。合成血液的主要组成成分：优质蒸馏水、丙烯醇增稠剂、含着色剂和表面活性剂的红色染料。配制方法如下：

①将蒸馏水煮沸5min并冷却至室温。

②将增稠剂加入蒸馏水，室温下，用磁力搅拌器搅拌45min。

③加入红色染料并搅拌至少1h。

④测试合成血液的表面张力应在（0.042±0.002）N/m范围内，如果超出此范围，则不能使用。

（4）检测数量及要求。

①如果在医用口罩的设计中，在不同的位置规定了不同的材料或材料厚度，则应分别测试试样的每个区域。

②如果在医用口罩的设计中，要求接缝提供与基材相同的保护，则应单独测试口罩的这些区域。

③对每种类型、设计或批次的医用口罩，每次测试应评估足够数量的医用口罩，以达到既定的4%的可接受质量限值（AQL）或置信度水平。4%AQL的单一抽样计划需要32个样本。

（5）技术要求。不同级别医用口罩抵抗合成血液渗透最小压力要求见表4-11。

表4-11　医用口罩抵抗合成血液渗透的最小压力

类别	1级防护	2级防护	3级防护
抵抗合成血液渗透的最小的压力/mmHg	80	120	160

4.2.6　关键控制点

（1）合成血液的表面张力和pH的控制。

（2）合成血液穿透的终点判定，可通过照明，使结果更加清晰；或者使用棉签轻轻涂抹内侧面，观察是否有血渗透。

4.3　泄漏性

4.3.1　目的及原理

人们佩戴口罩时，由于口罩设计与其脸型不吻合而导致出现口罩不贴合、口罩体与脸部出现较大孔隙的现象。空气中漂浮的微小颗粒物，也会随着气流从这种孔隙中流进口罩内从而被人体吸入。所以这种设计不当的口罩起不到防护、保护的作用。为了避免这类口罩在市面上流通，目前由两个标准检测口罩的泄漏性，分别是GB 2626—2019《呼吸防护　自吸过滤式防颗粒物呼吸器》、EN 149:2001+A1:2009《呼吸防护装置　可防微粒的过滤式半面罩的要求、试验、标记》。实际上就是通过泄漏率来反映口罩与人体脸部的贴合程度，从而判定口罩的防护效果是否能达到要求。

泄漏性的检测原理是在固定的测试仓里，通过往测试仓里喷射一定浓度的颗粒物（如氯化钠、石蜡油等），由真人佩戴口罩进入测试仓并按相关标准操作5个动作，通过检测口罩内颗粒物的浓度和检测仓内颗粒物的浓度来计算出泄漏率，泄漏率越低，证明口罩的防护效果越好。

4.3.2　检测人员和受试者岗位要求

（1）检测人员。

①检测人员通过学习和培训，熟悉泄漏性相关检测标准，能掌握测试原理。

②检测人员能熟练操作泄漏率的测试仪器。

③检测人员经培训并考核合格后方可上岗。

（2）受试者。

①熟悉使用该类产品的人员。10名刮净胡须的受试者，其脸型应属该类产品的有代表性的使用者，并考虑到脸型和性别的不同，但不应包括脸型明显异常者。

②按GB/T 5703—2010的要求测量并记录受试者的形态面长和面宽数据（精确至mm）。

4.3.3　检测流程

检测流程如图4-1所示。

4.3.4　国内标准检测规程

下面介绍GB 2626—2019《呼吸防护　自吸过滤式防颗粒物呼吸器》检测规程。

（1）测试原理。

①总泄漏率。在规定的实验室检测环境下，受试者吸气时从包括过滤元件在内的所有面罩部件泄漏入面罩内的模拟剂的浓度与呼吸器面罩外测试环境中模拟剂浓度的比值。

$$总泄漏率 = \frac{C_i}{C_o} \times 100\%$$

式中：C_i——呼吸面罩内模拟剂的浓度（含过滤元件在内泄漏入的部分）；

C_o——呼吸面罩外测试环境中模拟剂的浓度。

②泄漏率。在规定的实验室检测环境下，受试者吸气时从除过滤元件以外的面罩所有其他部件泄漏入面罩内的模拟剂浓度与呼吸器面罩外测试环境中模拟剂浓度的比值。

$$泄漏率 = \frac{c_i}{C_o} \times 100\%$$

式中：c_i——呼吸面罩内模拟剂的浓度（除过滤元件外泄漏入的部分）；

C_o——呼吸面罩外测试环境中模拟剂的浓度。

（2）测试介质。盐性：氯化钠（NaCl）颗粒物。油类：玉米油、石蜡油等，对人体应无害。

（3）检测数量及要求。

①随弃式面罩需要10个样品，其中5个为未处理样，另外5个为温度湿度预处理后样品。若产品的过滤元件能够重复使用，其中5个为温度湿度预处理后样品，另外5个为机械强度预处理后样品；然后所有样品经专业人员按照说明书提供的操作方法，将样品上的该类部件拆卸再组装后供受试者检测。若产品具有不同的大小号码，则每个号码应至少有两个样品。

②可更换使用面罩需要2个样品，其中1个为未处理样品，另1个为温度湿度预处理后样品。若产品的过滤元件能够重复使用，其中1个为温度湿度预处理后样品，另1个为机械强度预处理后样品。若产品具有不同的大小号码，则每个号码应至少有两个样品，其中1个为机械强度预处理后样品，另1个为温度湿度预处理后样品，然后所有样品经专业人员按照说明书提供的操作方法，将样品上的该类部件拆卸再组装后供受试者检测。

让受试者进入检测仓，检测如下动作的泄漏率：

a. 头部静止、不说话，2min。

b. 左右转动头部看检测仓左右墙壁（大约15次），2min。

c. 抬头和低头看检测仓顶和地面（大约15次），2min。

d. 大声阅读一段文字（如数数字），或大声说话，2min。

e. 头部静止、不说话，2min。

然后按照以下公式算出泄漏率。

采用盐性（NaCl）颗粒物检测时：

$$总泄漏率_{按动作}（泄漏率_{按动作}）= \frac{(C-C_a) \times 1.7}{C_0} \times 100\%$$

式中：C——做各动作时被测面罩内颗粒物浓度，mg/m^3；

C_a——被测面罩内颗粒物本底浓度，mg/m^3；

C_0——做各动作时，检测仓内颗粒物浓度，mg/m^3；

1.7——修正系数，对受试者呼吸道吸收氯化钠导致呼吸面罩内颗粒物浓度降低所做的修正。

采用油性颗粒物检测时：

$$总泄漏率_{按动作}（泄漏率_{按动作}）= \frac{C-C_a}{C_0} \times 100\%$$

式中：C——做各动作时被测面罩内颗粒物浓度，mg/m^3；

C_a——被测面罩内颗粒物本底浓度，mg/m^3；

C_0——做各动作时，检测仓内颗粒物浓度，mg/m^3。

按人计算的各受试者的总泄漏率或总体泄漏率计算公式如下：

$$总泄漏率_{按人}（总体泄漏率_{按人}）= \frac{1}{5}\Sigma\, 总泄漏率_{按动作}（总体泄漏率_{按动作}）$$

（4）检测条件。

①调温调湿预处理。将样品从原包装中取出，按下述条件依次进行处理。

a. 在（38±2.5）℃和（85±5）%相对湿度环境放置（24±1）h，室温下放置至少4h。

b. 在（70±3）℃干燥环境放置（24±1）h，室温下放置至少4h。

c. 在（−30±3）℃环境放置（24±1）h，室温下放置至少4h。

②机械强度预处理。将样品从包装中取出，非封装型过滤元件应为最小销售包装。将样品侧放在钢制箱体内，放置方式应保证检测中样品不会彼此接触，允许有6mm水平移动间隔和自由垂直移动的距离。振动检测持续时间20min，检测结束后，再进行后续检测。

③清洗或消毒预处理。应根据产品说明中所推荐的清洗或消毒方法，和允许清洗或消毒后重复使用的最大次数，对样品进行预处理。每进行一次清洗或消毒，先确保样品完全干燥，然后按制造商提供的方法判断清洗或消毒后的样品是否符合有效记录结果，然后再开始下次的清洗或消毒预处理。

④测试仓要求。若使用盐性（NaCl）模拟剂，颗粒物浓度为4~12mg/m³，在检测仓有效空间内的浓度变化应不高于10%；若使用油性（石蜡油、玉米油），颗粒物浓度为20~30mg/m³，在检测仓有效空间内的浓度变化应不高于10%。

（5）技术要求。在检测过程中，每个样品的泄漏性应始终符合以下的要求。

①随弃式面罩的总泄漏率（TIL）。随弃式面罩的总泄漏率（TIL）应符合表4-12的要求。

表4-12 随弃式面罩的TIL

滤料级别	以每个动作的TIL为评价基础时（即10人×5个动作），50个动作中至少有46个动作的TIL	以人的总体TIL为评价基础时，10个受试者中至少有8个人的总体TIL
KN90或KP90	<13%	<10%
KN95或KP95	<11%	<8%
KN100或KP100	<5%	<2%

②可更换式半面罩的泄漏率（IL）。以每个动作的TIL为评价基础时（即10人×5个动作），50个动作中至少有46个动作的TIL应小于5%；并且，以人的总体TIL为评价基础时，10个受试者中至少有8个人的总体TIL应小于2%。

③全面罩的泄漏率（IL）。以每个动作的TIL为评价基础时（即10人×5个动作），每个动作的IL应小于0.05%。

4.3.5 国外标准检测规程

下面介绍EN 149:2001+A1:2009《呼吸防护装置 可防微粒的过滤式半面罩的要求、试验、标记》检测规程。

（1）试验要求（表4-13）。

表4-13 试验要求

样品数量及要求	测试仓内NaCl浓度/（mg/m³）	NaCl溶液浓度/%	采样流量/（L/min）	结果计算
总共测试10个颗粒过滤半面罩，5个为未处理样品，5个进行温度调节预处理〔在（70±3）℃的干燥环境中放置24h，在（-30±3）℃的环境中放置24h〕	8±4	2	1	泄漏量P应根据每个运动周期的最后100s的测量结果计算得出

（2）检测步骤。

①在样品中随机抽取10个样品，5个未处理样，5个温度调节预处理样，将预处理样品放入70℃烘箱处理24h，等样品回复至室温后至少4h，再放–30℃低温培养箱中处理24h，等样品恢复至室温至少4h再进行测试。为了保证样品能充分进行温度调节预处理，处理过程中必须把样品摆放好，不能将样品堆叠放置。

②样品处理完毕后，可以测试。首先挑选10名无胡须或鬓角且可涵盖典型使用者的面部特征范围的受试者，分别记录10位受试者的脸长、脸宽、脸深和口宽。

③让受试者先阅读制造商的装配信息（如果面罩有多种尺寸，需要让受试者选择适合自己的尺寸进行测试），测试前必须戴好面罩，若中途需要调整面罩，则需要重新开始测试。

④打开泄漏性仓风机、灯管，点击设置，将仪器测试模式切换到模拟测试，启动仪器的上下游光度计、NaCl三通阀、光度计三通阀、NaCl加热。启动NaCl电磁阀，调节气溶胶发生器的雾化压力至100Pa左右，等待测试仓内NaCl浓度达到6mg/m³再进行测试。

⑤等待测试仓内浓度达到要求且受试者佩戴好面罩后，进行正式测试。首先问受试者面罩是否合适，若合适则继续测试，若不合适，记录下真实感受后，替换另一位受试者。

⑥确认面罩合适后，关闭测试气体，将采样管连接在面罩上后，受试者进入仓内在6km/h的跑步机上行走2min，测量面罩内部的NaCl浓度，建立水平测试背景。

⑦打开测试气体，受试者应该继续行走2min或待气体稳定后，打开测试记录界面并让受试者做以下5个动作：步行2min，头部不能移动或讲话；步行同时左右旋转头大约15次，好像在检测隧道壁2min一样；步行同时上下移动头部大约15次，像在检查屋顶和天花板2min一样；步行同时大声说话，就像和同事交流2min一样；步行2min，头部不能移动或讲话。

⑧记录好每个运动阶段的泄漏量和密闭罩浓度，最后计算出总泄漏量。

⑨重复步骤⑤至步骤⑧，直至完成试验为止。在原始记录上记录10位受试者每个动作的泄漏量和总的泄漏量。

4.3.6 关键控制点

（1）模拟剂浓度要达到标准要求才能测试。

（2）做泄漏性测试时，受试者要经过培训，动作要规范。

（3）测试前要认真阅读产品的使用说明和制造商信息。

4.4 防护效果

4.4.1 目的及原理

随着重工业的发展，我国部分地区出现了严重的大气污染问题，雾霾天气也频繁出现。为了预防呼吸道感染，保护人体健康，在空气质量较差的情况下，人们出门需要佩戴口罩，避免吸入PM2.5颗粒物。

PM2.5是指大气中空气动力学当量直径小于或等于2.5μm的颗粒物，也称为可入肺颗粒物。为了更好地预防颗粒物被吸入肺部，人们出门佩戴的口罩防护等级必须符合标准要求，所以我国出台了民用防护口罩标准GB/T 32610—2016《日常防护型口罩技术规范》，规范了日常防护口罩的防护效果的检测指标和方法，以保证市面上流通口罩的质量。

2020年，为了更好地预防新型冠状肺炎病毒的入侵，国家出台了儿童口罩标准GB/T 38880—2020《儿童口罩技术规范》，严格规范了儿童口罩防护效果的测试指标和测试方法，进一步保证市面流通的儿童口罩的质量，为儿童的健康提供了保障。

通过给测试仓输送气溶胶来模拟被污染的大气环境，把口罩戴在头模上，使用光度计测量口罩内与口罩外颗粒物浓度的比值，从而检测出各类型防护口罩的防护效果。防护效果越高，口罩起到的保护作用越好。

4.4.2 检测人员岗位要求

（1）检测人员通过学习和培训，熟悉相关检测标准，能掌握防护效果的测试原理和测试方法。

（2）检测人员能熟练操作防护效果的测试仪器。

（3）检测人员经培训并考核合格后方可上岗。

4.4.3　检测流程

检测流程如图4-1所示。

4.4.4　检测规程

4.4.4.1　GB/T 32610—2016《日常防护型口罩技术规范》

（1）测试原理。通过气溶胶发生器产生一定浓度及粒径分布的气溶胶颗粒，以规定气体流量通过口罩，使用适当的颗粒物检测装置检测通过口罩过滤前后的颗粒物浓度。通过计算气溶胶通过口罩后颗粒物浓度减少量的百分比来评价口罩对颗粒物的防护效果。

（2）测试介质。

①氯化钠（NaCl）颗粒物，在测试仓内的有效空间的初始浓度为20～30mg/m^3，测试过程中浓度变化不应大于10%。颗粒物的空气动力学粒径分布应为0.02～2μm，质量中位径约为0.6μm。

②玉米油颗粒物，在测试仓内的有效空间的初始浓度为20～30mg/m^3，测试过程中浓度变化不应大于10%。颗粒物的空气动力学粒径分布应为0.02～2μm，质量中位径约为0.3μm。

③大号、中号、小号头模，每个试验头模的尺寸应符合表4-14要求。

表4-14　试验头模尺寸　　　　　　　　　　　　　　　　　　单位：mm

尺寸项目	小号	中号	大号
头长	169	181	191
头宽	140	148	157
两耳屏间宽	127	137	145
面宽	136	143	148
形态面长	109	120	129
头冠状弧	349	361	363
头矢状弧	329	349	368
鼻高	48	51	59
鼻深	17	18.6	20
鼻宽	35	37	40
耳屏颏下长	138	142	150
耳屏下颌角长	58	66	72.2
鼻下点颏下点距	62	64	71.4

（3）检测数量及要求。取16个样品，分为两组，一组使用盐性介质测试，另一组使用油性介质测试，每组中5个为未经处理的样品，3个为调温调湿预处理的样品，测试环境温度为（25±5）℃，相对湿度为（30±10）%。

（4）检测条件。

①预处理。将样品从原包装中取出，按下述条件依次进行处理：

a. 在（38±2.5）℃和（85±5）%相对湿度环境放置（24±1）h，室温下放置至少4h；

b. 在（70±3）℃干燥环境放置（24±1）h，室温下放置至少4h；

c. 在（–30±3）℃环境放置（24±1）h，室温下放置至少4h。

将经预处理后样品应放置在气密性容器中，并在10h内完成检测。

②设置呼吸模拟器的参数。呼吸频率20次/min，呼吸流量（30±1）L/min。

③气体采样流量。1～2L/min，采样频率≥1次。吸入气体采样管应尽可能靠近鼻孔部位，环境空气采样管位置距口鼻部不大于3cm。

（5）技术要求。在成人防护效果测试仓中检测（图4-5），每个样品的防护效果应始终符合表4-15的要求。

图4-5 成人防护效果测试仓

表4-15 防护效果分级

防护效果级别	A级	B级	C级	D级
防护效果/% ≥	90	85	75	65

当口罩防护效果级别为A级，过滤效率应达到Ⅱ级（即过滤效率≥95%）及以上，当口罩防护效果级别为B级、C级、D级，过滤效率应达到Ⅲ级及以上（即盐性过滤效率≥90%，油性过滤效率≥80%）。

4.4.4.2 GB/T 38880—2020《儿童口罩技术规范》

（1）测试原理。通过气溶胶发生器产生一定浓度及粒径分布的气溶胶颗粒，以规定气体流量通过头模上的口罩，头模同时模拟运动，运动5个周期，使用适当的颗粒物检测装置检测通过口罩过滤前后的颗粒物浓度。通过计算气溶胶通过口罩后颗粒物浓度减少量的百分比来评价口罩对颗粒物的防护效果。

（2）测试介质。氯化钠（NaCl）颗粒物，在测试仓内的有效空间的初始浓度为20～30mg/m³，测试过程中浓度变化不应大于10%。颗粒物的空气动力学粒径分布应为0.02~2μm，质量中位径约为0.6μm。

大号、中号、小号头模，头模面层材料硬度为邵氏硬度（2±2）HA，每个试验头模的尺寸应符合表4-16要求。

表4-16　试验头模尺寸　　　　　　　　　　　　　单位：mm

尺寸项目	小号		中号		大号	
	均值	标准差	均值	标准差	均值	标准差
头长	180.9	8.1	185.3	7.8	190.7	8.6
头宽	157.6	6.4	161.1	6.6	165.4	7.1
头围	531.8	22.0	545.4	21.7	561.4	23.6
形态面长	102.2	6.8	108.2	7.5	115.5	7.9
头矢状弧	335.3	17.5	336.6	18.3	342.6	17.9
耳屏间弧	348.7	15.8	355.3	16.1	362.9	16.4
两耳外宽	183.6	8.7	187.3	8.7	190.1	9.0
头冠状围	601.1	33.1	615.5	34.6	635.6	33.9
头耳高	130.7	7.5	133.1	8.1	136.4	8.0
鼻尖点至枕后点斜距	197.5	10.1	205.2	11.3	214.2	10.5

（3）头模运动模拟。静止—摇头—点头—说话—静止五部分。

①摇头。左右摇头运动，转头幅度为向左75°，向右75°。运动形式：面向前方—向右转头—回正—向右转头—回正，每周期运动时间为8s。

②点头。头部上下点头，点头幅度为向上45°，向下45°。运动形式：面向正前方—向上抬头—回正—向下低头—回正，每周期运动时间为8s。

③说话。下巴开合，动作幅度为开合30°，周期为4s。

（4）检测数量及要求。按GB/T 32610—2016中附录B规定执行。取10个样品，其中5个为未经处理样品，5个为按规定预处理样品。在图4-6所示的儿童口罩防护效果测试仓进行测试。

（5）检测条件。

①对于儿童防护口罩类产品，将样品从原包装中取出，按下述条件依次进行处理：

a．在（38±2.5）℃和（85±5）%相对湿度环境放置（24±1）h，室温下放置至少4h；

b．在（70±3）℃干燥环境放置（24±1）h，室温下放置至少4h；

c．在（-30±3）℃环境放置（24±1）h，室温下放置至少4h。

将经预处理后样品应放置在气密性容器中，并在10h内完成检测。

②设置呼吸模拟器的参数。呼吸频率20次/min，呼吸流量（30±1）L/min。

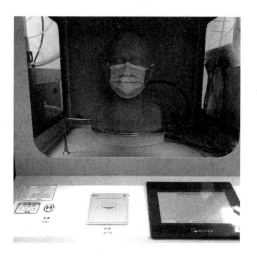

图4-6　儿童口罩防护效果测试仓

③气体采样流量为1~2L/min，采样频率≥1次。

④吸入气体采样管应尽可能靠近鼻孔部位，环境空气采样管位置距口鼻部不大于3cm。

（6）技术要求。每个样品的防护效果应≥90%。

4.4.5 关键控制点

（1）保证测试仓内的气溶胶浓度在20～30mg/m³的范围内。

（2）定期维护仪器，及时清理气溶胶发生器管道，防止堵塞。

（3）根据不同口罩的尺寸选择不同号型的头模进行测试，以确保戴上口罩后呈现密合的状态。

（4）监控好样品预处理的环境和时间。

4.5 密合性

4.5.1 目的及原理

由于医护人员在工作时经常与病人接触，可能会导致病人体内的病毒通过呼吸进入医护人员体内，影响医护人员的身体健康。所以医护人员在工作时必须佩戴口罩，防止病毒、细菌的传播。但由于医护人员需要长时间、高强度地工作，所以口罩的舒适性、密合性至关重要，因此国家在2010年更新了医用防护口罩技术要求。GB 19083—2010《医用防护口罩技术要求》代替了GB 19083—2003，增加了密合性要求和测试方法，进一步保障了医护人员的安全。

密合性是通过真人真实佩戴口罩做规定的动作时，检测口罩内和环境中颗粒物个数的比值得到的总适合因数来表示的，总适合因数越大，密合性越好。

4.5.2 检测人员岗位要求

检测人员应遵守操作规范，并接受密合性检测方面的培训、考核，考核通过取得上岗证后方可胜任该岗位。相关人员应具备基本的密合性检测概念，熟悉相关检测标准与流程，并熟练操作密合性测试仪器。

4.5.3 检测流程

随机抽取10个样品→选取10名受试者，按照说明书佩戴好口罩→进入测试仓内按照标准要求做规定的6个动作→记录每位受试者的总适合因数→数据整理/数据复核→出具检测报告。

4.5.4 检测规程

下面介绍GB 19083—2010《医用防护口罩技术要求》密合性检测规程。

（1）测试原理。口罩周边与具体使用者面部的密合程度。

（2）检测数量及要求。选取10名受试者，男女各半，头型符合GB/T 2428—1998《中国头型系列》。男性刮掉胡须，按照使用说明佩戴好口罩。测试前应进行检查，包括口罩无移动趋势、口罩带不要过松或过紧、鼻夹贴适鼻梁，周边不要漏气等，测试过程中不允许再调整。要求受试者做以下6个规定动作，每个动作做1min。

①正常呼吸——站立姿势，正常呼吸速度，不说话。

②深呼吸——站立姿势，慢慢深呼吸，注意不要呼气过度。

③左右转头——站立姿势，缓缓向一侧转头到极限位置后再转向另一侧，在每个极限位置都应有吸气。

④上下活动头部——缓缓低头，再缓缓抬头，在抬头的极限位置应有吸气。

⑤说话——大声缓慢说话，让受试者从100倒数或读一段文章。

⑥正常呼吸——同①。

（3）检测条件。试验空间大小应能容纳受试者自由进行规定的测试动作。空气中颗粒数应不小于70×10^6个/m^3，如颗粒物过少，可使用气溶胶发生器增加环境中的颗粒。气溶胶发生器产生颗粒的计数中位径（CMD）约为0.04μm，几何标准偏差为2.2〔相当于空气动力学质量中值直径（MMAD）0.26μm〕。如使用氯化钠气溶胶，则空气的相对湿度应不大于50%。

（4）技术要求。口罩设计应提供良好的密合性，口罩总适合因数应不低于100。

4.5.5 关键控制点

（1）测试时颗粒物的个数应大于70×10^6个/m^3，避免颗粒物个数太少而引起的试验误差，颗粒物个数越少，误差越大。

（2）受试者需要经过专业的培训，测试时，动作要规范统一。

（3）测试前要认真阅读使用说明和制造商信息。

4.6　实用性能

4.6.1　目的及原理

人们佩戴口罩时，如果口罩设计得不合理，会出现不良的感受。长期佩戴此类型的口罩会对人体造成伤害。所以需要通过真人进行实际佩戴，并做日常生活中经常能做到的动作来测试口罩的设计是否符合实际使用。

GB 23465—2009《呼吸防护用品　实用性能评价》详细制定了测试口罩实用性能的方法与步骤。通过受试者的评分和主观感受来评价口罩的实用性。若口罩的实用性不符合要求，可以通过受试者的测试感受和建议来改进产品的质量。

4.6.2　检测人员岗位要求

检测人员应遵守操作规范，并接受实用性能检测方面的培训、考核，考核通过取得上岗证后方可胜任该岗位。相关人员应具备基本的实用性能检测概念，熟悉相关检测标准与流程，并熟练操作实用性能测试仪器。

4.6.3　检测流程

随机抽取2个样品→选取2名受试者，按照说明书佩戴好口罩→按照标准要求做规定动作→记录每位受试者的主观感受→数据整理/数据复核→出具检测报告。

4.6.4 国内标准检测规程

下面介绍GB 2626—2019《呼吸防护 自吸过滤式防颗粒物呼吸器》检测规程。

（1）测试原理。由受试者佩戴呼吸器，模拟实际应用状态下的一些动作，然后对使用感受提供主观评价。

（2）检测方法。选择适当的受试者，登记其姓名、年龄、性别、身高、体重等信息。测量其形态面长和面宽并记录在试验报告中。每个受试者应按照制造商提供的使用说明使用呼吸器，依据产品说明书，若呼吸器面罩上设有以日常性过滤元件更换、面罩清洗或维护为目的的、应由佩戴者经常拆卸或更换的部件（如吸气阀片、呼气阀片、头带或可更换的过滤元件等），在做实用性检测之前，受试者应依据产品说明书提供的操作方法，将样品上的该类部件拆卸后再组装，然后检测。

检测前，询问受试者呼吸器是否合适，若合适则进行下一步测试，若不合适，则需要重新调整呼吸器。然后根据呼吸器的类型确定试验项目。例如，自吸式过滤式呼吸器的佩戴者必须按要求做以下动作：

①快速行走。受试者在水平跑台上以正常姿势行走，行走速度为6.0km/h，持续时间为10min。

②屈身行走。受试者在水平跑台上以屈身姿态行走，屈身姿态高度控制为（1.3±0.2）m，持续时间为5min，行走总距离约140m。

③管道试验。受试者在宽（0.70±0.05）m、长4m的管道内爬行，管道顶板应低至限制受试者背负呼吸气，而是摘下来，放在前面推或放在后面拉，但仍然通过呼吸气呼吸。

④装填试验。受试者向容积约8L的篮子装填试验物料，弯腰或跪地将物料装满篮子，然后站起将篮子内的试验物料倒入高度为1.5m的容器，在10min内重复大约20次。

在规定的时间完成相应的动作。完成动作后，受试者需要给相关的项目评分并给出关于呼吸器的安全性与非安全性等方面的相关评价。

（3）检测数量及要求。2个样品，其中1个为未处理样品，另1个为经温度湿度预处理后的样品。确保所有样品经过表观方法检测，处于良好工作状态。每个受试者使用1个样品。

（4）检测条件。

①调温调湿预处理。

a．在（38±2.5）℃和（85±5）%相对湿度环境放置（24±1）h，室温下放置至少4h。

b．在（70±3）℃干燥环境放置（24±1）h，室温下放置至少4h。

c．在（−30±3）℃环境放置（24±1）h，室温下放置至少4h。

②检测环境要求。温度为16~32℃，相对湿度为30%~80%。

4.6.5 国外标准检测规程

下面介绍EN 149:2001+A1:2009《呼吸防护装置 可防微粒的过滤式半面罩的要求、试验、标记》实用性能检测规程。

（1）参考标准及方法要求。为了进行测试，应选择熟悉使用此类或类似设备的人员。试验期间，佩戴者应主观评估颗粒过滤半面罩，试验后应记录表4-17所述内容。

表4-17　试验基本要求及记录内容

标准号	样品数量及要求	记录内容
EN 149:2001+A1:2009	总共测试2个颗粒过滤半面罩，两个均为未处理样品	a. 头带舒适度 b. 紧固件安全性 c. 视野 d. 穿戴者根据报告要求的任何其他评论

（2）检测步骤。

①在样品中随机抽取2个样品，均为未处理的样品。检查好试样外观，确保安全后，选择2名熟悉此类设备的人员进行穿戴。

②记录下穿戴人员所处的测试环境的温度和湿度后，进行以下测试：

a. 穿着正常工作服并戴上颗粒过滤半面罩的受试者，应在水平路线上以6km/h的固定速度行走10min，且不需除去颗粒过滤半面罩。

b. 在（1.3±0.2）m的高度上行走5min。

c. 在（0.075±0.05）m的高度上爬行5min。

d. 受试者按照自己的意愿弯腰或跪下从1.5m高容器中把碎屑装入一个小篮子里，装满，再按照自己的意愿将篮子提起，并将里面的东西倒回容器中，10min内完成20次此操作。

③试验后，记录下列内容：头带舒适度、紧固件安全性、视野、穿戴者根据报告要求的任何其他评论。而视野的真实感受也视颗粒过滤半面罩视野的情况报告。2名受试者完成测试后，整理好试验内容，将所有内容完整记录在原始记录上。

4.6.6　关键控制点

（1）测试前要认真阅读使用说明和制造商信息。

（2）做实用性能测试时，受试者要经过培训，动作要规范。

（3）要注意受试者的测试状态，避免意外发生。

4.7　呼气阻力和吸气阻力

4.7.1　目的及原理

民用口罩的呼吸通畅性主要以口罩的呼气阻力和吸气阻力来考核。阻力越小，呼吸通畅性越好；阻力越大，呼吸通畅性越差。

检测时，以气密的方式把口罩戴在头模上，通过模拟人体的呼气和吸气，在规定的气体流量上，测定吸气阻力和呼气阻力。

4.7.2　检测人员岗位要求

（1）检测人员通过学习和培训，熟悉呼气阻力和吸气阻力的相关检测标准，能掌握测试原理。

（2）检测人员能熟练操作呼吸气阻力测试仪器。

（3）检测人员经培训并考核合格后方可上岗。

4.7.3 检测流程

检测流程如图4-1所示。

4.7.4 国内标准检测规程

4.7.4.1 GB 2626—2019《呼吸防护 自吸过滤式防颗粒物呼吸器》

（1）测试原理。在规定的检测条件下，模拟面罩对人体呼气和吸气的阻力大小。

（2）检测方法。采用图4-7所示的口罩呼吸阻力测试仪进行测试。

①检查检测装置的气密性及工作状态。

图4-7 口罩呼吸阻力测试仪

②采用适当的措施（如使用密封剂），将被测样品以气密的方式佩戴在匹配的试验头模上，并确保佩戴位置正确，但固定的方式不应影响过滤元件的有效通气面积，也不应使面罩变形。

③将通气量调节至（85±1）L/min，测定并记录最大的吸气阻力和呼气阻力。

（3）测试仪器。

①流量计量程为0~100L/min，精度为3%。

②微压计量程为–1000~1000Pa，精度为1%，分辨率至少为1Pa。

③试验头模口部应安装有呼吸管道，且配有大、中、小三个号型，主要尺寸见表4-18。

表4-18 试验头模主要尺寸 单位：mm

尺寸项目	小号	中号	大号
形态面长	113	122	131
面宽	136	145	154
瞳孔间距	57.0	62.5	68.0

（4）检测数量及要求。

①4个样品，其中2个为未处理样品，另外2个为温度湿度预处理后的样品。

②若可更换式面罩产品设计允许过滤元件在清洗和消毒后重复使用，则需取4个样品，其中2个经清洗和/或消毒预处理，另外两个经温度湿度预处理。

③若产品具有不同大小号码，则每个号码应有2个样品，再按照产品性质分别进行预处理。

④应将预处理后的样品放置在气密性容器中，在10h内检测。

（5）检测条件。

①温度湿度预处理。将样品从原包装中取出，按下述条件依次进行处理：

a. 在（38±2.5）℃和（85±5）%相对湿度环境放置（24±1）h，室温下放置至少4h；

b. 在（70±3）℃干燥环境放置（24±1）h，室温下放置至少4h；

c. 在（-30±3）℃环境放置（24±1）h，室温下放置至少4h。

将经预处理后样品应放置在气密性容器中，并在10h内完成检测。

②清洗或消毒预处理。应根据产品说明中所推荐的清洗或消毒方法，和允许清洗或消毒后重复使用的最大次数，对样品进行预处理。每进行一次清洗或消毒，先确保样品完全干燥，然后按制造商提供的方法判断清洗或消毒后的样品是否符合有效记录结果，再开始下次的清洗或消毒预处理。

（6）技术要求。各类呼吸器的吸气阻力和呼气阻力应符合表4-19的要求。

表4-19 呼吸阻力要求

面罩类别	吸气阻力/Pa			呼气阻力/Pa
	KN90和KP90	KN95和KP95	KN100和KP100	
随弃式面罩，无呼气阀	≤170	≤210	≤250	同吸气阻力
随弃式面罩，有呼气阀	≤210	≤250	≤300	≤150
包括过滤元件在内的可更换式半面罩和全面罩	≤250	≤300	≤350	

4.7.4.2 GB/T 32610—2016《日常防护型口罩技术规范》

（1）检测原理。在规定的检测条件下，模拟面罩对人体呼气和吸气的阻力大小。

（2）检测方法。

①检查检测装置的气密性及工作状态。

②将被测试样佩戴在匹配的试验头模上，调整面罩的佩戴位置及头带的松紧度，确保面罩与试验头模的密合。

③将通气量调节至（85±1）L/min，测定并记录最大的吸气阻力和呼气阻力。

注意：在测试过程中，应采取适当方法避免试样贴附在呼吸管道口。

（3）测试仪器。

①流量计量程为0~100L/min，精度为3%。

②微压计量程为0~1000Pa，精度为1Pa。

③试验头模口部应安装有呼吸管道，且配有大、中、小三个号型。试验头模尺寸见表4-20。

表4-20 试验头模尺寸 单位：mm

尺寸项目	小号	中号	大号
头长	169	181	191
头宽	140	148	157
两耳屏间宽	127	137	145
面宽	136	143	148
形态面长	109	120	129
头冠状弧	349	361	363

续表

尺寸项目	小号	中号	大号
头矢状弧	329	349	368
鼻高	48	51	59
鼻深	17	18.6	20
鼻宽	35	37	40
耳屏颏下长	138	142	150
耳屏下颌角长	58	66	72.2
鼻下点颏下点距	62	64	71.4

（4）检测数量及要求。

①4个样品，其中2个为未处理的样品，另2个为温度湿度预处理后的样品。

②若被测样品具有不同的型号，则每个型号应有2个样品，其中1个为未处理的样品，另1个为温度湿度预处理后的样品。

（5）检测条件。将样品从原包装中取出，按下述条件依次进行处理。

①在（38±2.5）℃和（85±5）%相对湿度环境放置（24±1）h，室温下放置至少4h。

②在（70±3）℃干燥环境放置（24±1）h，室温下放置至少4h。

③在（-30±3）℃环境放置（24±1）h，室温下放置至少4h。

将经预处理后样品应放置在气密性容器中，并在10h内完成检测。

（6）技术要求。日常防护口罩呼气吸气阻力要求见表4-21。

表4-21 日常防护口罩呼气吸气阻力要求

项目	要求
吸气阻力/Pa	≤175
呼气阻力/Pa	≤145

4.7.4.3 GB/T 38880—2020《儿童口罩技术规范》

（1）检测原理。在规定的检测条件下，模拟面罩对人体呼气和吸气的阻力大小。

（2）检测方法。

①检查检测装置的气密性及工作状态。

②将被测试样佩戴在匹配的试验头模上，调整面罩的佩戴位置及头带的松紧度，确保面罩与试验头模的密合。

③将通气量调节至（45±2）L/min，测定并记录最大的吸气阻力和呼气阻力。

注意：在测试过程中，应采取适当方法避免试样贴附在呼吸管道口。

（3）测试仪器。

①流量计量程为0~100L/min，精度为3%。

②微压计量程为0~1000Pa，精度为1Pa。

③试验头模口部应安装有呼吸管道，且配有大、中、小三个号型，详细尺寸见表4-22。

表4-22　试验头模尺寸 单位：mm

尺寸项目	小号		中号		大号	
	均值	标准差	均值	标准差	均值	标准差
头长	180.9	8.1	185.3	7.8	190.7	8.6
头宽	157.6	6.4	161.1	6.6	165.4	7.1
头围	531.8	22.0	545.4	21.7	561.4	23.6
形态面长	102.2	6.8	108.2	7.5	115.5	7.9
头矢状弧	335.3	17.5	336.6	18.3	342.6	17.9
耳屏间弧	348.7	15.8	355.3	16.1	362.9	16.4
两耳外宽	183.6	8.7	187.3	8.7	190.1	9.0
头冠状围	601.1	33.1	615.5	34.6	635.6	33.9
头耳高	130.7	7.5	133.1	8.1	136.4	8.0

（4）检测数量及要求。

①4个样品，其中2个为未处理的样品，另2个为温度湿度预处理后的样品。

②若被测样品具有不同的型号，则每个型号应有2个样品，其中1个为未处理的样品，另1个为温度湿度预处理后的样品。

（5）检测条件。将样品从原包装中取出，按下述条件依次进行处理。

①在（38±2.5）℃和（85±5）%相对湿度环境中放置（24±1）h，室温下放置至少4h。

②在（70±3）℃干燥环境中放置（24±1）h，室温下放置至少4h。

③在（-30±3）℃环境中放置（24±1）h，室温下放置至少4h。

将经预处理后样品应放置在气密性容器中，并在10h内完成检测。

（6）技术要求（表4-23）。

表4-23　儿童口罩呼吸阻力要求

项目	儿童防护口罩	儿童卫生口罩
吸气阻力/Pa	≤45	—
呼气阻力/Pa	≤45	—

4.7.5　国外标准检测规程

下面介绍EN 149:2001+A1:2009《呼吸防护装置　可防微粒的过滤式半面罩的要求、试验、标记》吸气、呼气阻力检测规程。

（1）检测原理。在规定的检测条件下，模拟面罩对人体呼气和吸气的阻力大小。

（2）检测方法。利用图4-8所示EN 149呼吸阻力测试仪测试吸气/呼气阻力。

①吸气阻力。分别在30L/min和95L/min的连续流量下测试其吸气阻力。

②呼气阻力。谢菲尔德假人头上的颗粒过滤半面罩，通过使用适配器调节到25圈/min和

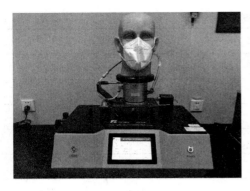

图4-8　EN 149呼吸阻力测试仪

2.0L/冲程或连续流量160L/min的呼吸机。将假人头连续放置在5个定义的位置上，即朝前、朝上、朝下、左卧和右卧，测量其呼气阻力。

（3）检测数量及要求。

①无阀颗粒过滤半面罩。共应测试9个无阀颗粒过滤半面罩，其中3个未处理，3个经温度调节处理，3个经模拟穿戴处理。

②带阀颗粒过滤半面罩。共应测试12个带阀颗粒过滤半面罩，其中3个未处理，3个经温度调节处理，3个经模拟穿戴处理，3个经流量调节处理。

a．温度调节处理。将颗粒过滤半面罩暴露于以下热循环：

（a）在（70±3）℃干燥气氛中放置24h，室温放置至少4h；

（b）在（−30±3）℃环境下放置24h，室温放置至少4h。

b．模拟穿戴处理。通过模拟磨损处理进行调理，应将呼吸机的速度调整为每分钟25次循环和每冲程2.0L。颗粒过滤半面罩安装在谢菲尔德（Sheffield）仿真头上。为了进行测试，在呼吸机和仿真头之间的呼气管线中装有一个饱和器，该饱和器的温度设置为超过37℃，以便在空气到达仿真头的嘴之前对其进行冷却。仿真头的嘴中空气应在（37±2）℃下饱和。为了防止多余的水从仿真头的嘴中溢出并污染过滤颗粒的半面罩，头部应倾斜，以使水从嘴中流走并收集在一个疏水阀中。

呼吸机投入运行，饱和器开启，设备稳定，然后将被测颗粒过滤半面罩安装在仿真头上，在约20min间隔的测试时间内，将颗粒过滤半面罩从仿真头上完全拆下并重新安装，使其在测试期间被安装到仿真头上10次。

c．流量调节。总共应测试3个带阀颗粒过滤半面罩，其中1个未处理试样，2个按温度调节程序预处理试样。

（4）技术要求（表4-24）。

表4-24　最大允许阻力标准

分类	最大允许阻力/mbar		
	吸气		呼气
	30L/min	95L/min	160L/min
FFP1	0.6	2.1	3.0
FFP2	0.7	2.4	3.0
FFP3	1.0	3.0	3.0

4.7.6　关键控制点

（1）应根据标准规定选择合适的头模进行测试。

（2）被测样品应以气密的方式佩戴在匹配的头模上。

（3）掌控并记录好样品进行预处理的环境、时间和要求，避免影响试样。

4.8 压力差/通气阻力

4.8.1 目的及原理

在呼吸过滤中，过滤阻力是指过滤层对被过滤气体流动的阻力。阻力越大，人体感觉呼吸越不顺畅，不适合长时间佩戴，所以需要进行阻力的检测。压力差和通气阻力是医用口罩检测阻力的相对应考核项目。YY 0469—2011《医用外科口罩》和EN 14683:2019+AC:2019《医用口罩要求和试验方法》考核的是压力差；YY/T 0969—2013《一次性使用医用口罩》考核的是通气阻力。

压力差和通气阻力的大小决定了人体呼吸的顺畅和舒适度，压力差（通气阻力）越小，呼吸越顺畅。同时，压力差和通气阻力与面料的透气性呈反比关系，压力差（通气阻力）越小，织物通过的气流流量就越大，织物越透气。所以在口罩生产中，找到过滤效率和压力差的平衡尤为重要。

4.8.2 检测人员岗位要求

（1）检测人员通过学习和培训，能掌握压力差的测试原理和实际操作技能。

（2）检测人员经培训并考核合格后方可上岗。

4.8.3 检测流程

检测流程如图4-1所示。

4.8.4 国内标准检测规程

4.8.4.1 YY 0469—2011《医用外科口罩》

（1）检测原理。在规定的检测条件下，使用口罩阻力测试仪（图4-9）来测量以恒定的空气流量通过被测表面积吸入空气所需的压力差，以测量医用口罩材料的空气交换压力。

测试时试验用气体流量需调整至8L/min，样品测试区直径为25mm，试验面积为4.9cm²，设置参数后直接测试。按下式计算单位面积压力差。

$$压力差 = \frac{试验样品压力差的平均值（Pa）}{试验样品测试面积（cm^2）}$$

（2）检测数量及要求。随机抽取5个医用外科口罩样品，无需预处理。

（3）技术要求。口罩两侧进行气体交换的压力差为每平方厘米面积的压力差值，应不大于49Pa。

4.8.4.2 YY/T 0969—2013《一次性使用医用口罩》

（1）检测原理。测量口罩在规定面积和规定流量下的阻力，用压力差表示。

图4-9 口罩阻力测试仪

测试时试验用气体流量需调整至（8±0.2）L/min，样品测试区直径为25mm，试验面积为4.9cm²，用压差计或等效设备测定口罩两侧压力差，可按下式计算样品的通气阻力。

$$通气阻力 = \frac{试验样品压力差值（Pa）}{试验样品测试面积（cm^2）}$$

（2）检测数量及要求。随机抽取3个样品，取其中心部位进行测试，无需预处理。

（3）技术要求。口罩两侧进行气体交换的通气阻力应不大于49 Pa/cm²。

4.8.5　国外标准检测规程

4.8.5.1　EN 14683:2019+AC:2019《医用口罩要求和试验方法》

（1）测试原理。使用一种设备来测量以恒定的空气流量通过被测表面积吸入空气所需的压力差，以测量医用口罩材料的空气交换压力。

（2）检测数量及要求。

①试样是完整的口罩或应从完整的口罩上剪下。如果使用完整的口罩，请去除肢体，将口罩平整，叠好所有层。每个样品应能够提供直径为25mm的不同圆形测试区域。如果一个样品不能提供5个直径为25mm的测试区域，则测试区域的数量应代表整个口罩。

②本方法不适用测试厚而硬的口罩，因为测试时无法保证密封状态。测试样品数量至少为5个，如有需要可增加数量，若可接受的质量水平（AQL）为4%，则应增加样品数量。

③应结合口罩的结构，测试样品具有代表性的区域。除非另有规定，否则测试应沿从口罩内部到口罩外部的气流方向进行。

④每个试样应放置在温度为（21±5）℃、相对湿度为（85±5）%的环境下处理至少4h。

（3）技术要求（表4-25）。

表4-25　技术要求（最大压力差）

分类	Type Ⅰ	Type Ⅱ	Type Ⅱ R
压力差/（Pa/cm²）	<40	<40	<60

4.8.5.2　ASTM F2100:2019e1《医用口罩用材料性能的标准规范》

（1）测试原理。同EN 14683:2019+AC:2019《医用口罩要求和试验方法》要求。

（2）检测数量及要求。同EN 14683:2019+AC:2019《医用口罩要求和试验方法》要求。

（3）技术要求（表4-26）。

表4-26　技术要求（最大压力差）

分类	1级防护	2级防护	3级防护
压力差/（mmH₂O/cm²）	<5.0	<6.0	<6.0

注　1mmH₂O/cm²=9.8Pa/cm²。

4.8.6　关键控制点

（1）仪器的气体流量应校准，需满足标准参数的要求。

（2）在口罩的代表性区域进行测试，例如中心部位。

（3）监控样品预处理的环境和时间。

4.9 阻燃性能

4.9.1 目的及原理

口罩的材料应采用不易燃的材料。佩戴易燃材料做的口罩，遇到危险时，脸部可能会被烧伤。

阻燃性能作为口罩安全性能的基本指标，必须严格把控。国内许多口罩标准都对阻燃性能的测试做了明确的要求，如GB 2626—2019《呼吸防护　自吸过滤式防颗粒物呼吸器》、GB/T 38880—2020《儿童口罩技术规范》、GB 19083—2010《医用防护口罩技术要求》、YY 0469—2011《医用外科口罩》。测试时，使用金属头模运动控制装置，使被测样品经过燃烧区，记录通过火焰上方时面罩材料的燃烧情况，记录口罩的燃烧时间。从而判定口罩的制作是否符合标准要求。

本节从口罩阻燃性能的检测流程、作业指导入手，对国内外关于防疫类纺织品的相关检测内容进行详细说明，提高大家对相关检测标准的科学认识。

4.9.2 检测人员岗位要求

检测人员应遵守操作规范，并接受阻燃性能检测方面的培训、考核，考核通过取得上岗证后方可胜任该岗位。相关人员应具备基本的阻燃性能检测概念，熟悉相关检测标准与流程，并熟练操作阻燃性能测试仪器。

4.9.3 检测流程

随机抽取4个样品→样品预处理/未处理→调节测试仪器参数→记录每个面罩离开火焰后的燃烧情况→数据整理/数据复核→出具检测报告。

4.9.4 国内标准检测规程

4.9.4.1 GB 2626—2019《呼吸防护　自吸过滤式防颗粒物呼吸器》

（1）测试原理。使用金属头模运动控制装置，使被测样品经过燃烧区，记录通过火焰上方时面罩材料的燃烧情况。

（2）检测方法。将被测样品佩戴在金属头模上，调整金属头模的高度，使燃烧器顶端与面罩最下端的垂直距离为（20±2）mm，然后使金属头模位于燃烧器燃烧区外。点燃燃烧器后，调节火焰高度，使燃烧器顶端的火焰高度达到（40±4）mm，使距离燃烧器顶端（20±2）mm处的火焰温度达到（800±50）℃。启动金属头模运动装置，使被测样品经过燃烧区，记录通过火焰上方时面罩材料的燃烧情况，应重复检测，检测面罩的所有外表材料，应使每个部件都通过1次火焰。

产品设计阻燃性能时，按照上述方法检测，暴露于火焰的各部件从火焰移开后，继续燃烧时间不应超过5s。

（3）检测数量及要求。随弃式面罩4个样品，其中2个为未处理样品，另2个为温度湿度预处理后样品。

（4）检测条件。

①调温调湿预处理。将样品从原包装中取出，按下述条件依次进行处理：

a．在（38±2.5）℃和（85±5）%相对湿度环境放置（24±1）h，室温下放置至少4h；

b．在（70±3）℃干燥环境放置（24±1）h，室温下放置至少4h；

c．在（−30±3）℃环境放置（24±1）h，室温下放置至少4h。

②技术要求。若产品设计阻燃，暴露于火焰的各部件在从火焰移开后，继续燃烧时间不应超过5s。

4.9.4.2　GB 19083—2010《医用防护口罩技术要求》

（1）测试原理。使用金属头模运动控制装置，使被测样品经过燃烧区，记录通过火焰上方时面罩材料的燃烧情况，记录续燃时间。

（2）检测方法。将口罩戴在金属头模上，燃烧器的顶端和口罩的最低部分（当直接对着燃烧器放置时）的距离应设置为（20±2）mm。

将火焰的高度调节在（40±4）mm。在燃烧器顶端上方（20±2）mm处用金属隔离的热电偶探针测量火焰的温度，应为（800±50）℃。

将头模以（60±5）mm/s运动线速度通过火焰，并记录口罩通过一次火焰后的燃烧状态。口罩所用材料不应具有易燃性，续燃时间不应超过5s。

（3）检测数量及要求。应检测4个口罩样品。2个经过温度预处理，2个不经过预处理。

（4）检测条件。

①在（70±3）℃干燥环境放置（24±1）h，室温下放置至少4h。

②在（−30±3）℃环境放置（24±1）h，室温下放置至少4h。

（5）技术要求。所用材料不应具有易燃性。续燃时间应不超过5s。

4.9.4.3　YY 0469—2011《医用外科口罩》

（1）测试原理。使用金属头模运动控制装置，使被测样品经过燃烧区，记录通过火焰上方时面罩材料的燃烧情况，记录续燃时间和阴燃时间的总和。

（2）检测方法。燃烧器的顶端和样品的最低部位的距离设定为（20±2）mm。将火焰高度设定为（40±4）mm，燃烧器尖端上方（20±2）mm处火焰的温度设定为（800±50）℃。将样品戴在头模上，将鼻尖处头模的运动速度设定为（60±5）mm/s，记录样品一次通过火焰后的状态，记录续燃时间和阴燃时间的总和。

（3）检测数量及要求。用3个样品进行试验。

（4）技术要求。口罩应采用不易燃材料；口罩离开火焰后燃烧时间不大于5s。

4.9.4.4　GB/T 38880—2020《儿童口罩技术规范》

测试原理、检测方法、检测数量及要求、检测条件同YY 0469—2011检测规程。试验头模尺寸应符合表4-27要求。

表4-27　试验头模尺寸　　　　　　　　　　　　　　　　　单位：mm

项目	小号		中号		大号	
	均值	标准差	均值	标准差	均值	标准差
头长	180.9	8.1	185.3	7.8	190.7	8.6

项目	小号		中号		大号	
	均值	标准差	均值	标准差	均值	标准差
头宽	157.6	6.4	161.1	6.6	165.4	7.1
头围	531.8	22.0	545.4	21.7	561.4	23.6
形态面长	102.2	6.8	108.2	7.5	115.5	7.9
头矢状弧	335.3	17.5	336.6	18.3	342.6	17.9
耳屏间弧	348.7	15.8	355.3	16.1	362.9	16.4
两耳外宽	183.6	8.7	187.3	8.7	190.1	9.0
头冠状围	601.1	33.1	615.5	34.6	635.6	33.9
头耳高	130.7	7.5	133.1	8.1	136.4	8.0
鼻尖点至枕后点斜距	197.5	10.1	205.2	11.3	214.2	10.5

4.9.5　国外标准检测规程

下面介绍 EN 149:2001+A1:2009《呼吸防护装置　可防微粒的过滤式半面罩的要求、试验、标记》阻燃性能检测规程。

（1）参考标准及方法要求（表4–28）。

表4–28　燃烧性能测试参数

标准号	样品数量及要求	鼻尖处线速度/（mm/s）	燃烧器顶端到口罩最下端的垂直距离/mm	火焰高度/mm	距离燃烧器顶端（20±2）mm处的火焰温度/℃	矿物绝缘热电偶探针在燃烧器顶部上方的距离/mm
EN 149:2001+A1:2009	总共测试4个颗粒过滤半面罩，2个为未处理样品，2个进行温度调节预处理［在（70±3）℃的干燥环境中放置24h，在（–30±3）℃的环境中放置24h］	60±5	20±2	40±4	800±50	20±2

（2）检测步骤。

①在样品中随机抽取4个样品，2个作为未处理样品，2个作为预处理样品。

将预处理样品放入70℃烘箱处理24h，等样品恢复至室温后至少4h，再放入–30℃低温培养箱中处理24h，等样品恢复至室温至少4h再进行可燃性测试。为了保证样品能充分进行温度调节预处理，处理过程中必须把样品摆放好，不能将样品堆叠放置。

②测试时，将测试样品戴在测试头模上，穿戴好样品后，按动头模始动或头模返回按钮，移动头模，当头模停在燃烧器正上方时，按清除键，使头模停在燃烧器正上方。使用钢直尺测量一下燃烧器的顶端和口罩最下端的垂直距离是否为（20±2）mm，如果大于22mm，则需要顺时针拧动燃烧器调整，若小于18mm，则需要逆时针拧动燃烧器调整。

③按动头模返回键，让头模回到初始位置，打开丙烷气体，将压力调节至0.2~0.3bar，按动点火键点燃气体，将火焰调节器移到燃烧器正上方，关闭测试仓门，测量火焰高度，拧动火焰调节按钮调节火焰高度为（40±4）mm。火焰高于44mm，逆时针拧动火焰调节键，若低于36mm，则顺时针拧动火焰调节键。调节好火焰高度后，测量火焰温度是否达到（800±50）℃。

④调节好所有检测参数后，按动头模始动按钮，使头模以60mm/s的线速度经过火焰，观察颗粒过滤半面罩是否发生燃烧，记录下实验现象与燃烧时间。

⑤重复上述步骤③至步骤⑤，直至测试完成，记录下所有样品的燃烧时间和最大的燃烧时间值。

4.9.6　关键控制点

（1）需要按照不同标准要求调节好阻燃测试仪的测试参数。

（2）阻燃测试需用用到丙烷气体，需要注意安全。测试时需要佩戴防护手套，测试完后需要关闭气体。

4.10　呼气阀保护装置/呼气阀盖牢度

4.10.1　目的及原理

民用口罩标准GB 2626—2019《呼吸防护　自吸过滤式防颗粒物呼吸器》、GB/T 32610—2016《日常防护型口罩技术规范》、EN 149:2001+A1:2009《呼吸防护装置　可防微粒的过滤式半面罩的要求、试验、标记》都有对呼气阀保护装置/呼气阀盖牢度的考核。不同于医用口罩，民用口罩在佩戴者的舒适性上考量得比较多，相对而言，有呼气阀的口罩会使使用者呼吸更顺畅。

呼气阀保护装置/呼气阀盖牢度的检测原理是对呼气阀施加一定的轴向拉力，并持续保持一段时间，看呼气阀是否会出现被破坏的现象，或者是从口罩主体上滑脱。

4.10.2　检测人员岗位要求

（1）检测人员通过学习和培训，熟悉相关检测标准，能掌握呼气阀保护装置/呼气阀盖牢度的测试原理。

（2）检测人员能熟练操作强力机。

（3）检测人员经培训并考核合格后方可上岗。

4.10.3　检测流程

检测流程如图4-1所示。

4.10.4　国内标准检测规程

4.10.4.1　GB 2626—2019《呼吸防护　自吸过滤式防颗粒物呼吸器》

（1）GB 2626—2019呼吸阀保护装置检测规程。

①测试原理。根据不同类型面罩，选择相应的拉力，呼气阀盖不应出现滑脱、断裂和变形现象。用适当的夹具（图4-10）分别固定被测样品的呼气阀盖和面罩罩体（固定点应合理接近相应的连接部位）。启动强力机施加表4-29规定的轴向拉力，记录是否出现断裂、滑脱和变形现象。

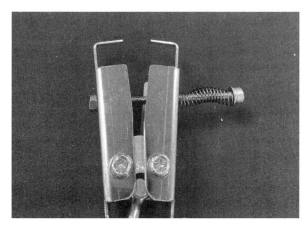

图4-10　呼气阀的夹持装置

表4-29　不同面罩类型拉力

面罩类型	随弃式	可更换式
拉力	10N，持续10s	50N，持续10s

②检测仪器。测量范围0~1000N的强力机，精度为1%，夹具具有适当结构和夹紧度，精确度为0.1s的计数器。

③检测数量及要求。随弃式面罩3个样品，可更换式半面罩3个样品，全面罩3个样品，样品不需要进行预处理。

④检测条件。测试环境温度为（20±2）℃，相对湿度为（65±4）%。

（2）GB 2626—2019呼吸阀盖牢度检测规程。

①测试原理。用适当的夹具分别固定被测样品的呼气阀保护装置和面罩罩体（固定点应合理接近相应的连接部位）。启动强力机或通过悬挂标准砝码，施加表4-30规定的轴向拉力，记录是否出现断裂、滑脱和变形现象。

表4-30　不同面罩类型压力

面罩类型	随弃式	可更换式
拉力	10N，持续10s	50N，持续10s

②检测仪器。强力机检测范围0~1000N，精度为1%，或选用标准砝码，夹具具有适当的夹紧度，精度为0.1s的计时器。

③检测数量及要求。随弃式面罩3个样品，可更换式半面罩3个样品，全面罩3个样品，样品不需要进行预处理。

④检测条件。测试环境温度为（20±2）℃，相对湿度为（65±4）%。

4.10.4.2　GB/T 32610—2016《日常防护型口罩技术规范》

（1）测试原理。用适当的夹具分别固定被测试样的呼气阀盖和口罩体（固定点应合理接近相应的连接部位）。启动强力机施加10N轴向拉力，记录是否出现断裂、滑脱和变形现象。

（2）检测仪器。强力机检测范围0~1000N，精度为1%，夹具具有适当结构和夹紧度，精度为0.1s的计时器。

（3）检测数量及要求。3个未处理样品。

（4）检测条件。测试环境温度为（20±2）℃，相对湿度为（65±4）%。

4.10.5　国外标准检测规程

下面介绍EN 149:2001+A1:2009《呼吸防护装置　可防微粒的过滤式半面罩的要求、试验、标记》呼气阀保护装置/呼气阀盖牢度检测规程。

（1）测试原理。呼气阀测试首先进行外观检查，颗粒过滤半面罩可具有一个或多个呼气阀，这些呼气阀在所有方向上均应正常工作。如果安装了呼气阀，则在30s的持续300L/min呼气流量后，应能继续正确运行。把口罩体安装在面板上呼气阀盖被夹具夹紧，应轴向承受10N的拉力，持续10s。

（2）检测仪器。强力机检测范围0~1000N，精度为1%，夹具具有适当结构和夹紧度，精度为0.1s的计时器。

（3）检测数量及要求。流量调节样品数量：取3个口罩，其中2个进行温度预处理，1个不进行预处理；呼气阀拉力样品数量：取3个口罩，其中1个进行温度预处理，1个进行EN143机械强度测试处理，1个不进行预处理。

（4）检测条件。

①调温调湿预处理。将样品从原包装中取出，按下述条件依次进行处理：

a．在（70±3）℃干燥环境下放置（24±1）h，室温放置至少4h。

b．在（−30±3）℃环境下放置（24±1）h，室温放置至少4h。

②在温度为（20±2）℃，相对湿度为（65±4）%下进行检测。

4.10.6　关键控制点

（1）根据不同呼气阀盖的类型，使用适当的夹具，以确保上机前呼气阀盖没有破坏和滑脱。

（2）强力机传感器力值的稳定性。

4.11　呼吸阀气密性

4.11.1　目的及原理

带有呼吸阀的民用口罩就是为了人们的健康而设计的，除了可以使呼吸更顺畅外，还能阻止空气中对人体有害的病毒、尘埃、飞沫等可见或不可见的物质。

呼吸阀的原理就是当呼气的时候阀门被打开一点使得空气更容易排出，当不呼吸或吸气时阀门会自动贴紧密封，保持防护效果。生产厂家在生产带有呼吸阀的口罩时可能会出现偷工减料的现象，出现泄漏量过大的情况，使生产出来的呼气阀出现设计不合理或者规格有偏差的情况。针对此情况，国家对口罩的呼吸阀进行严格要求。根据GB 2626—2019《呼吸防护　自吸过滤式防颗粒物呼吸器》对呼吸阀气密性的定义，在规定检测条件下，使呼气阀承受–249Pa压力，检测呼气阀的泄漏气流量。

4.11.2　检测人员岗位要求

（1）检测人员通过学习和培训，熟悉呼气阀气密性的检测标准，能掌握测试原理。

（2）检测人员能熟练操作呼气阀气密性的测试仪器。

（3）检测人员经培训并考核合格后方可上岗。

4.11.3　检测流程

检测流程如图4-1所示。

4.11.4　检测规程

下面介绍GB 2626—2019《呼吸防护　自吸过滤式防颗粒物呼吸器》呼吸阀气密性检测规程。

（1）测试原理。利用气密性测试仪（图4-11）测试系统和呼气阀夹具密封性，确保气密性良好。采取适当的方式（如使用密封剂），将呼气阀样品以气密的方式密封在呼气阀测试夹具上；开启真空泵，调节调节泵，使呼气阀承受–249Pa的压力，检测呼气阀的泄漏气流量。

图4-11　气密性测试仪

（2）样品数量及要求。

①测试4个样品。其中2个为未处理的样品，另2个为预处理后的样品。被测样品应包括与呼气阀连接的面罩部分，呼气阀应保持洁净与干燥，对随弃式面罩呼气阀样品，应采取必要措施，防止样品在制备过程中（如从面罩上剪切下来）阀被面罩碎屑污染。

②2只检测半面罩。

（3）检测条件。常温、常压环境，相对湿度应小于75%。

（4）检测步骤。

①首先把测试样品上的呼吸阀取下，将呼气阀以气密的方式密封在呼气阀测试夹具上，使得测试夹具与呼吸阀紧密接触。

②仪器采用触屏方式，打开红色按钮启动开关，选择仪器界面中的测试标准GB 2626—2019，设置试样压力差–249.0Pa，泄漏气流量为30mL/min，启动测试。

③当呼气阀达到可以承受–249Pa的压力，观察泄漏气流量的结果，并记录在原始记录表格中。

④重复上述步骤，继续对未处理样品和预处理样品进行检测，取最大值作为最后的测试结果。

（5）技术要求。每个呼吸器的呼气阀的泄漏气流量不应大于30mL/min；若面罩设有多个呼气阀，每个呼气阀应符合的泄漏气流量应该平均分。例如，若呼吸器面罩设置了2个呼气阀，则每个呼气阀的泄漏气流量都不应大于15mL/min。

4.11.5 关键控制点

（1）呼吸阀与呼气阀测试夹具的连接要牢固紧密，不应出现多余的空隙，这样才能保证仪器测试时的密封性。

（2）拆除样品中的呼吸阀时要保留它本身的完整性，并且不要拆取呼吸阀以外的口罩部分。

（3）设备监测与优化，定时检测仪器真空泵的抽气速率、流量计量程等是否达到标准要求，对仪器进行维护与保养，进气阀应保持通畅。

4.12 口罩连接部件

4.12.1 目的及原理

可更换口罩可以多次重复使用，主要因为它是由多个组件组合成的，包括过滤元件、呼吸导管等。从口罩罩体上把过滤元件等更换部分拆卸下来，换上新的，就可以多次使用了。因此，各连接处的牢固程度决定着使用质量，也是决定是否能重复使用的关键。

连接和连接部件的检测原理是可更换式过滤元件与面罩之间、呼吸导管与过滤元件及面罩之间的所有连接和连接部件，施加一定的轴向拉力时，不应出现滑脱、断裂或变形现象。

4.12.2　检测人员岗位要求

检测人员应遵守操作规范，并接受连接和连接部件检测方面的培训、考核，考核通过取得上岗证后方可胜任该岗位。

4.12.3　检测流程

检测流程如图4-1所示。

4.12.4　检测规程

（1）测试仪器。测量范围0~1000N的强力机，精度为1%，夹具具有适当结构和夹紧度，精确度为0.1s的计数器。如图4-12所示。

（2）检测数量及要求。2个样品，其中1个为未处理样品，1个为处理样品。

（3）检测条件。

①调温调湿预处理。将样品从原包装中取出，按下述条件处理。

a. 在（38±2.5）℃和（85±5）%相对湿度环境放置（24±1）h，室温下放置至少4h。

b. 在（70±3）℃干燥环境放置（24±1）h，室温下放置至少4h。

c. 在（-30±3）℃环境放置（24±1）h，室温下放置至少4h。

②在温度为（20±2）℃，相对湿度为（65±4）%下进行检测。

图4-12　连接和连接部件上机操作图

（4）技术要求。施加表4-31规定的轴向拉力时，不应出现滑脱、断裂或变形。

表4-31　不同面罩种类压力

面罩种类	可更换式半面罩	全面罩
拉力	50N，持续10s	250N，持续10s

4.12.5　关键控制点

使用合适的夹具，固定口罩罩体和连接部件。

4.13　死腔

4.13.1　目的及原理

死腔是模拟人体的呼气和吸气，在密闭的口罩内产生的二氧化碳浓度。死腔越小，造成窒息的机会越小。

死腔的测试原理是利用二氧化碳气体、头模里吸气导管吸入的空气共同作用，模拟人工肺且进行固定频率的呼吸，产生二氧化碳。头模戴上口罩后，在口罩内二氧化碳的浓度增加。死腔的值就是口罩内的二氧化碳浓度减去空气中二氧化碳浓度。

4.13.2　检测人员岗位要求

检测人员应遵守操作规范，并接受死腔检测方面的培训，考核。考核通过取得上岗证后方可胜任该岗位。相关人员应具备基本的死腔检测概念，熟悉相关检测标准与流程，并熟练操作各位死腔测试仪器。

4.13.3　检测流程

检测流程如图4-1所示。

4.13.4　检测规程

（1）检测数量及要求。随弃式面罩，3个未处理样品。半面罩或全面罩，1个未处理样品，或每个号码1个未处理样品。

（2）检测条件。

①检测应在室温环境下进行，室温范围为16~32℃。

②呼吸模拟器的呼吸频率和潮气量应分别设定为20次/min和1.5L。

③采取适当通风措施，使检测环境中CO_2的浓度不高于0.1%，环境中CO_2浓度检测点的浓度应位于被测样品正前方约1m处。

④只有在检测随弃式面罩样品时，需用电风扇在被测样品侧面吹风，并应使气流在面罩前的流速为0.5m/s。

（3）测试步骤。

①检查检测系统，确认处于正常工作状态。

②以气密方式将测试样品佩戴在匹配的试验头模上，并防止面罩出现变形现象。

③打开电源，开启应用程序，观察室内CO_2浓度显示界面，低于0.1%即可进行测试。

④调节呼吸频率，呼吸潮气量，将呼吸机模拟呼吸频率设定至20次/min，模拟呼吸潮气量调节范围为0.5~3.0L/min。

⑤点击启动测试，开启CO_2气瓶，测试界面会出现波动的线段，仪器会连续监测和记录吸入气和检测环境中的CO_2浓度，直至达到稳定值，即线段保持不变状态1min左右，点击CO_2浓度已达到稳定，然后点击停止。

⑥观察结果显示，记录结果。

⑦重复上述步骤，继续测试其他样品。随弃式面罩3个样品各检测1次，半面罩或全面罩每个样品应重复检测3次。

⑧只有当检测环境中的CO_2浓度不大于0.1%时，测试才有效，并扣除检测环境中CO_2浓度，吸入气中CO_2浓度检测结果取3次测定的算术平均值。

⑨测试完成后，必须关闭CO_2混合气瓶。

（4）技术要求。呼吸器的死腔平均值不应大于1%。

4.13.5 关键控制点

（1）样品的选择。样品应整洁，形状完好，表面无皱褶，无污迹。

（2）核查点。对CO_2瓶进行定期检查，如用完须更换。核查风速的稳定，必须要保持在0.5m/s上。

（3）室内CO_2的浓度必须小于0.1%。

4.14 视野

4.14.1 目的及原理

口罩过高，不仅会给使用者带来不适感，而且会带来视野盲区，影响人的正常视野。在很多粉尘或者烟雾环境下，视野是非常重要的，因此对防疫类纺织品视野的研究具有重要意义。

GB/T 2890—2009《呼吸防护 自吸过滤式防毒面具》对视野的定义是：在检测条件下，通过旋转角度的改变对口罩视野情况的水平。视野即人的头部和眼球固定不动的情况下，眼睛观看正前方物体时所能看得见的空间范围。一般以视野保存率为考核指标，数值越高，佩戴口罩的视线越开阔。

面具口罩测试仪的测试原理是：视野的面积等于曲线走过的所有三角形面积的总和。而三角形面积可以通过$S=\frac{1}{2}ah$求出。a值已知为各个点到中心的距离，h值为$\sin15°$乘以斜边，斜边也是各个点到中心的距离。

其计算公式如下：

（1）双目视野。

$$双目视野保存率=\frac{（左目视野图面积+右目视野图面积）×校正系数\gamma}{平均左目视野图面积+平均右目视野图面积}×100\%$$

（2）总视野。

$$总视野保存率=\frac{总视野面积×校正系数\gamma}{平均总视野图面积}×100\%$$

$$总视野面积=左目视野图的右边面积+右目视野图的左边面积$$

（3）下方视野。即每张视野图左右视野曲线的下方交点的位置，如图4-13所示。

4.14.2 检测人员岗位要求

检测人员应遵守操作规范，并接受视野检测方面的培训、考核，考核通过取得上岗证后方可胜任该岗位。相关人员应具备基本的视野检测概念，熟悉相关检测标准与流程，并熟练操作面具视野测试仪器。

4.14.3 检测流程

检测流程如图4-1所示。

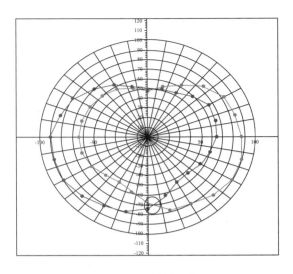

图4-13　视野情况

4.14.4　检测规程

（1）检测数量及要求。取1个未处理的样品，面罩上正确装配制造商提供的过滤件或导气管。室温测试，应在暗室中进行。

（2）测试装置。视野测试仪（图4-14），由以下三部分组成。

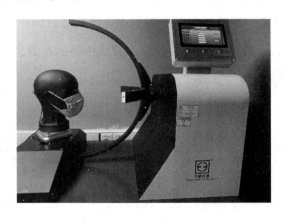

图4-14　视野测试仪

①半圆弧弓。半径300~340mm，可以绕通过其中点0°的水平半径而转动，两边自0°起每5°有一刻度，延伸至90°，弧弓上装有可滑动的白色视标。

②记录装置。记录针通过轴轮等组件与视标连动，将视标的方位和角度对应地记录在视野图纸上。

③座架。用以支撑半圆弧弓及固定记录装置。

（3）测试步骤。

①开机前准备。开机前确认设备是否正常开启，各模块是否连接正常，检查视野测试仪记录装置和视标连动工作是否正确并仔细校正。

②将测试样正确地佩戴在头模上，头带、耳带等调节适宜，左右要对称。

③将戴着口罩的测试头模放在座上，使左或右眼处于弧弓圆心，启动仪器，并接通该眼灯泡电源，测试头模右眼先处于弧弓圆心，上弧弓往左转动每15°测量一点。待上弧弓转动180°后，测试头模左眼处于弧弓圆心，下弧弓开始转动，每15°测量一点。从垂直或水平的任一方位开始每15°~30°测量一点，直到全方位都测到。

④测试结束后，将口罩脱下，重新回位调整，按上述步骤重复测试3次。

（4）计算。按前面公式计算双目视野保存率，总视野保存率及总视野面积。

（5）技术要求。在检测过程中，每个样品的视野应始终符合表4-32的要求。

表4-32 视野要求

视野	面罩类型		
	半面罩	全面罩视窗种类	
		大眼窗	双眼窗
下方视野	≥35°	≥35°	≥35°
总视野	不适用	≥70%	≥65%
双目视野	≥65%	≥55%	≥24%

4.14.5 关键控制点

（1）样品选择。试样因平整，表面无皱褶、无污迹。

（2）正确佩戴面罩。头带应调节适宜，注意面罩在头模上的左右对称性，上下紧密贴合在头模上。

（3）设备优化。定时观察灯泡的亮度，如头模灯泡光线太暗，更换灯泡来加大亮度。

4.15 全面罩镜片

4.15.1 目的及原理

随着新冠病毒疫情的暴发，不仅口罩应用在卫生防疫工作上，全面罩也作为一种重要的防疫用品出现在市面上。全面罩也属于特种劳动保护用品、单兵防护用品，主要是通过镜片来保护人的呼吸器官、眼睛和面部，防止毒气、粉尘、细菌等有毒物质伤害的个人防护器材。所以把控镜片的质量至关重要。

镜片的检测原理是将被测样品正确佩戴在匹配的试验头模上，并以镜片向上的方式放置并固定头模，使钢球从1.3m高度自由下落至镜片的中心部位，记录是否出现破裂现象。

4.15.2 检测人员岗位要求

检测人员应遵守操作规范，并接受镜片检测方面的培训、考核，考核通过取得上岗证后方可胜任该岗位。

4.15.3 检测流程

检测流程如图4-1所示。

图4-15　镜片测试仪

4.15.4　检测规程

（1）检测数量及要求。5个未处理样品，只测试全面罩。

（2）检测设备。镜片测试仪（图4-15），主要包括试验头模和钢球。

①试验头模，主要尺寸应符合要求，分大号、中号和小号三个号型。

②钢球，直径22mm，质量（45±1）g，表面应光滑。

（3）技术要求。每个样品的镜片不应破碎或产生裂纹。

4.15.5　关键控制点

（1）核查钢球的重量，不锈钢杆高度是否能达到标准要求。

（2）全面罩的佩戴是否正确，以确保钢球落在镜片的中心部位。

4.16　鼻夹耐折性

4.16.1　目的及原理

无论是医用口罩还是民用口罩，鼻夹都是不可缺少的。它具有贴合口罩的调节作用，佩戴者根据脸部大小或鼻梁高低来对折鼻夹，确保口罩的密合性，以达到防护效果。经过多次调整鼻夹后发现，有些鼻夹很容易断，有铁丝露出，容易刺伤皮肤。特别是小孩子的口罩，如果露出铁丝，就容易成为锐利尖端，引发安全隐患。所以从口罩的防护效果和接触安全性来考核，鼻夹的耐折性尤为重要。

鼻夹的耐折性测试原理：以鼻夹中部为测试点，用手或其他合适的器具将鼻夹对折20次，看鼻夹是否有断裂。

4.16.2　检测人员岗位要求

检测人员应遵守操作规范，并接受鼻夹耐折性检测方面的培训、考核，考核通过取得上岗证后方可胜任该岗位。

4.16.3　检测流程

检测流程如图4-1所示。

4.16.4　检测规程

下面介绍GB/T 38880—2020《儿童口罩技术规范》鼻夹耐折性的操作规程。

（1）抽取样品2个，将鼻夹与周边的包覆物从口罩中裁出，以鼻夹中部为测试点，用手或其他合适的器具将鼻夹对折20次，如图4-16所示。

（2）技术要求。鼻夹不应断裂。

4.16.5 关键控制点

每个人的力度不同，测试结果难统一，建议由固定的测试人员进行检测。

图4-16 对折鼻夹

4.17 耐摩擦色牢度

4.17.1 目的及原理

民用口罩的摩擦主要是通过摩擦布的沾色程度来考核。沾色级数越小，测试结果越差；沾色级数越大，测试结果越好。

检测时，将口罩分别与一块干摩擦布与一块湿摩擦布做旋转式摩擦，用沾色用灰卡评定摩擦布沾色程度。

4.17.2 检测人员岗位要求

（1）检测人员通过学习和培训，熟悉耐摩擦色牢度的相关检测标准，能掌握测试原理。

（2）检测人员能熟练操作摩擦色牢度测试仪器。

（3）检测人员经培训并考核合格后方可上岗。

4.17.3 检测流程

检测流程如图4-1所示。

4.17.4 检测规程

4.17.4.1 GB/T 32610—2016《日常防护型口罩技术规范》

（1）检测方法。

①耐干摩擦色牢度用旋转式摩擦仪（图4-17）测试口罩外层。

②耐湿摩擦色牢度用旋转式摩擦仪测试口罩与人面部接触层。

（2）测试仪器。

①摩擦头直径（16±0.1）mm。

②摩擦头压力（11.1±0.5）N。

③摩擦头旋转角度405°±3°。

（3）检测条件。

①准备样品，尺寸不小于25mm×25mm。

图4-17　耐干摩擦色牢度用旋转式摩擦仪

②在（20±2）℃和（65±4）%相对湿度环境放置4h。

③在（20±2）℃和（65±4）%相对湿度环境下进行试验。

4.17.4.2　GB/T 38880—2020《儿童口罩技术规范》

（1）检测方法。耐摩擦色牢度用旋转式摩擦仪测试口罩印花或染色部位，如图4-18所示。

图4-18　测试情况

（2）测试仪器。旋转摩擦色牢度测试仪。

①摩擦头直径（16±0.1）mm。

②摩擦头压力（11.1±0.5）N。

③摩擦头旋转角度405°±3°。

（3）检测条件。

①准备样品，尺寸不小于25mm×25mm。

②在（20±2）℃和（65±4）%相对湿度环境放置4h。

③在（20±2）℃和（65±4）%相对湿度环境下进行试验。

4.17.5 关键控制点

（1）应根据标准规定选择相应的摩擦部位。

（2）掌控并记录好样品进行预处理的环境、时间和要求，避免影响试样。

4.18 尖端和边缘锐利性

4.18.1 目的及原理

锐利尖端和锐利边缘是国家强制性标准GB 31701—2015《婴幼儿及儿童纺织产品安全技术规范》的重要考核指标，为婴幼儿及儿童纺织品的附件质量进行把关。GB/T 38880—2020《儿童口罩技术规范》是防疫物资检测的产物，也是目前儿童口罩的唯一国家检测标准。防疫期间，戴口罩已经常态化，与人体皮肤长时间接触，口罩的质量尤为重要，特别对于皮肤娇嫩的儿童来说。口罩上可能会存在的锐利尖端和边缘的部位是鼻夹位置及口罩边压胶处。

锐利尖端的测试原理是将尖端测试仪放在可触及的尖端上，检查在一定的负荷下被测试尖端是否能插入锐利性测试仪上规定的深度。

锐利边缘的测试原理是测试带按要求贴在芯轴上，在一定的负荷下使芯轴沿被测试带的可触及边缘旋转360°，测定测试带被切割的长度。

4.18.2 检测人员岗位要求

检测人员应遵守操作规范，并接受尖端和边缘锐利性检测方面的培训、考核，考核通过取得上岗证后方可胜任该岗位。相关人员应具备基本的尖端和边缘锐利性检测概念，熟悉相关检测标准与流程，并熟练操作尖端测试仪和边缘锐利性测试仪。

4.18.3 检测规程

下面介绍GB/T 38880—2020《儿童口罩技术规范》尖端和边缘锐利性检测规程。

（1）测试仪器。芯轴直径为（9.35±0.12）mm的锐利边缘测试仪（图4-19），能施加$4.5^{0}_{-0.2}$N负荷的锐利尖端测试仪（图4-20）。

图4-19 锐利边缘测试仪　　　　图4-20 锐利尖端测试仪

（2）检测数量及要求。3个未处理样品。

（3）检测流程。

①口罩上可能存在锐利边缘和锐利尖端的部位都应进行测试。比如鼻夹的位置、口罩边缘等。

②先进行尖端试验。固定被测样品，使尖端在测试过程中不会产生移动。以被测试尖端刚性最强的方向将其插入测试槽，并施加 $4.5^{0}_{-0.2}$N的外力压紧弹簧，如果被测试的尖端插入测试槽0.5mm或以上，并使指示灯闪亮，同时该尖端在受到 $4.5^{0}_{-0.2}$N外力后，仍保持其原状，则认为该尖端是锐利尖端。

③锐利边缘测试。固定附件，使芯轴施力时，被测试的可触及边缘不应产生弯曲或移动。在芯轴上缠绕一层测试带，为测试提供充分的面积。缠绕测试带的芯轴放置的位置应使其轴线与试样平直边缘的边线呈90°±5°，或与弯曲边缘的检查点的切线呈90°±5°角，同时当芯轴旋转一周时，应使测试带与边缘最锐利部分接触。

④向芯轴施加 $6^{0}_{-0.5}$N的力，施力点与测试带边缘相距3mm，并使其绕芯轴的轴线靠测试边缘旋转360°，芯轴旋转过程中要保证芯轴与边缘之间无相对运动。

⑤将测试带从芯轴上取下，同时不应使测试带割缝扩大或划痕发展成割裂。测量测试带被切割长度，包括任何尖端切割长度。测量试验中与边缘接触的测试带长度。

⑥计算试验过程中被切割的测试带长度百分比。如果测试带有50%被完全割裂，则该边缘被认为是锐利边缘。

（4）检测条件。测试在（20±5）℃环境条件下进行。

4.18.4　关键控制点

（1）对可能存在锐利边缘和锐利尖端的部位都要进行测试。

（2）熟悉仪器的操作。

4.19　口罩带断裂强力

4.19.1　目的及原理

由于疫情的到来，口罩的使用越来越广泛，由原来的日常防护用品变成不可或缺的日用品。口罩能够稳妥地罩住佩戴者的口鼻，口罩带扮演着非常重要的角色。口罩带一般把口罩分为两种，一种是挂耳式，一种是绑头式。口罩还有成人口罩和儿童口罩之分，相对于儿童口罩，成人口罩的标准指标会更高一些，毕竟成人口罩承受着成人面部施加的压力更大，因此成人款口罩的要求更加严格。

标准GB/T 38880—2020《儿童口罩技术规范》有明确列明，儿童款口罩分为儿童防护口罩（F）和儿童卫生口罩（W）两个不同的判定指标。GB/T 32610—2016《日常防护型口罩技术规范》、YY/T 0969—2013《一次性使用医用口罩》、YY 0469—2011《医用外科口罩》都只有一个判定指标。GB 2626—2019《呼吸防护　自吸过滤式防颗粒物呼吸器》根据口罩类型选择不同的负荷测试头带的牢固性能。

GB/T 32610—2016和GB/T 38880—2020口罩带断裂强力引用标准GB/T 13773.2—2008《纺织品　织物及其制品的接缝拉伸性能　第2部分：抓样法接缝强力的测定》的方法进行测试，采用单根口罩带上机测试，测试口罩带断裂时最大的受力值。YY/T 0969—2013、YY 0469—2011则采用单点测试来测试口罩带断裂强力。

GB 2626—2019用夹具分别固定被测样品的头带（非自由端）和面罩罩体（应合理接近相应头带扣连接部位），按照头带正常使用被拉伸的方向施加规定的拉力。

4.19.2　检测人员岗位要求

检测人员应遵守操作规范，并接受口罩带断裂强力检测方面的培训、考核，考核通过取得上岗证后方可胜任该岗位。相关人员应具备基本的口罩带断裂强力检测概念，熟悉相关检测标准与流程，并熟练操作强力机。

4.19.3　检测流程

检测流程如图4-1所示。

4.19.4　检测规程

4.19.4.1　GB/T 32610—2016《日常防护型口罩技术规范》

（1）测试仪器。0~1000N的等速伸长试验仪，要符合以下条件。

①仪器能设定100mm/min的拉伸速度，精度为±10%。

②仪器能设定50mm、100mm的隔距长度，精度为±1mm。

③数据采集的频率不小于每秒8次。

（2）检测数量及要求。5个未处理样品。

（3）检测流程。如图4-21所示，将试样单层装紧拉伸仪的下夹钳，测试钩安装在拉伸仪器的上夹钳，测试时口罩带垂直悬挂在测试钩上，口罩主体沿轴向夹在下夹钳中间，采用松式夹持。测试钩是由钢质材料制成的条形，宽度（10±0.1）mm，厚度（2±0.1）mm，一端弯曲成直角钩状，弯钩部分长度至少（12±0.1）mm，钩的边缘应光滑且方便安装在拉伸试验仪的夹钳上。

把试样和测试钩安装在拉伸仪的夹钳上，用100mm/min的拉伸速度测试，启动仪器，直到口罩带拉断为止，拉伸时最大的力值为该样品的测试力值。力值＞20N即为合格。

（4）检测条件。测试在温度为（20±2）℃、湿度为（65±4）%环境条件下进行。

4.19.4.2　GB/T 38880—2020《儿童口罩技术规范》

（1）测试仪器。0~1000N的等速伸长试验仪，要符合以下条件：

①仪器能设定100mm/min的拉伸速度，精度为±10%；

②仪器能设定50mm、100mm的隔距长度，精度为±1mm；

图4-21　口罩松紧带夹持情况

③数据采集的频率不小于每秒8次。

（2）检测数量及要求。5个未处理样品。

（3）检测流程。同GB/T 32610—2016《日常防护型口罩技术规范》。

判定值分两种：儿童防护口罩（F）力值为＞15N合格；儿童卫生口罩（W）力值为＞10N合格。

（4）检测条件。测试在温度为（20±2）℃、湿度为（65±4）%环境条件下进行。

4.19.4.3　YY/T 0969—2013《一次性使用医用口罩》、YY 0469—2011《医用外科口罩》

（1）测试仪器。0~1000N的等速伸长试验仪，要符合以下条件：

①仪器能设定100mm/min的拉伸速度，精度为±10%。

②仪器能设定50mm、100mm的隔距长度，精度为±1mm。

图4-22　砝码

③数据采集的评率不小于每秒8次。

另外，还需要10N砝码（图4-22），精度为0.1s的计时器。

（2）检测数量及要求。3个未处理样品。

（3）检测流程。

①挂耳式口罩。通过佩戴检查口罩带的调节情况，观察口罩带戴取是否方便；将口罩带中间剪开，把口罩主体夹持在拉伸仪的下夹钳，口罩带的自由端夹持在上夹钳，用100mm/min的拉伸速度测试，启动仪器，拉伸到10N时暂停拉伸仪并启动计时器，用10N的静拉力持续5s测试口罩带。也可如图4-23所示用10N砝码测试口罩带，把自由端绑在10N砝码上，测试员用手抓住口罩主体缓慢提起10N砝码，待砝码离开平面时，即启动计时器进行5s计时。

②绑绳式口罩。通过佩戴检查口罩带的调节情况，观察口罩带戴取是否方便；把口罩主体夹持在拉伸仪的下夹钳，一根口罩带夹持在上夹钳，用100mm/min的拉伸速度测试，启动仪器，拉伸到10N时暂停拉伸仪并启动计时器，用10N的静拉力持续5s测试口罩带。也可如图4-23所示用10N砝码测试口罩带，把一根口罩带绑在10N砝码上，测试员用手抓住口罩主体缓慢提起10N砝码，待砝码离开平面时，即启动计时器进行5s计时。

口罩带戴取方便且能承受10N静拉力持续5s，则判定为合格，力值＞10N；口罩带不能承受10N静拉力，则判定为不合格，力值＜10N；口罩带能承受10N静拉力持续5s，但口罩带连接处发生撕破，则判定为不合格，力值＜10N，且备注情况说明。

（4）检测条件。测试在温度为（20±2）℃、湿度为（65±4）%环境条件下进行。

4.19.4.4　GB 2626—2019《呼吸防护　自吸式过滤式防颗粒物呼吸器》

（1）测试仪器。0~1000N的等速伸长试验仪，要符合以下

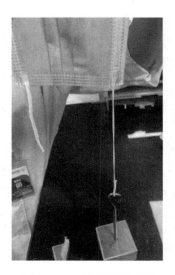

图4-23　口罩带断裂情况

条件。

①仪器能设定100mm/min的拉伸速度，精度为±10%。

②仪器能设定50mm、100mm的隔距长度，精度为±1mm。

③数据采集的评率不小于每秒8次。

另外，还有10N砝码、50N砝码、精确0.1s的计时器。

（2）检测数量及要求。1个未处理样品，1个预处理样品。

（3）检测流程。用夹具分别固定被测样品的头带（非自由端）和面罩罩体（应合理接近相应头带扣连接部位），应检测被测样品的每一头带连接部位，启动拉伸仪施加规定拉力持续10s，记录是否出现断裂和滑脱现象。不同类型面罩所用拉力见表4-33。或选用标准砝码悬挂法（图4-24）。

表4-33　不同类型面罩所用拉力

面罩类型	随弃式面罩	可更换式面罩	全面罩
拉力	10N，持续10s	50N，持续10s	150N，持续10s

（4）预处理条件。将样品从原包装中取出，按下述条件处理。

①在（38±2.5）℃和（85±5）%相对湿度环境放置（24±1）h。

②在（70±3）℃干燥环境放置（24±1）h。

③在（-30±3）℃环境放置（24±1）h。

注意： 使样品温度恢复至室温至少4h，再进行后续检测。机械强度预处理仅适用于可更换式过滤元件。

（5）检测条件。测试在温度为（20±2）℃、湿度为（65±4）%环境条件下进行。

图4-24　标准砝码悬挂法

4.19.4.5　GB 19083—2010《医用防护口罩技术要求》

（1）测试仪器。0~1000N的等速伸长试验仪，要符合以下条件。

①仪器能设定100mm/min的拉伸速度，精度为±10%。

②仪器能设定50mm、100mm的隔距长度，精度为±1mm。

③数据采集的评率不小于每秒8次。

（2）检测数量及要求。2个未处理样品，2个预处理样品。

（3）检测流程。通过目测和佩戴方法测试口罩带是否调节方便。把口罩主体夹持在拉伸仪的下夹钳，把一根口罩带夹持在上夹钳，或上夹钳夹持一个弯钩，把一根口罩带挂在弯钩上，用100mm/min速度测试口罩带，启动拉伸仪，使拉伸仪拉伸至10N时，观察口罩带的情况。判定标准为口罩带应调节方便，每根口罩带与口罩体连接点的断裂强力应≥10N。

（4）预处理条件。将样品从原包装中取出，按下述条件处理。

①在（70±3）℃干燥环境放置（24±1）h。

②在（-30±3）℃环境放置（24±1）h。

使样品温度恢复至室温至少4h，再进行后续检测。

（5）检测条件。测试在温度为（20±2）℃、湿度为（65±4）%环境条件下进行。

4.19.5　关键控制点

（1）每根口罩带都要进行测试。

（2）通过佩戴观察口罩带调节和戴取情况。

（3）熟悉仪器的操作。

4.20　pH

4.20.1　目的及原理

新型冠状病毒主要通过飞沫传播。飞沫悬浮于空气中，人们日常活动中极易与飞沫接触，口罩对飞沫的防护就显得十分具有必要性。为了达到很好的防护效果，口罩必须与人体面部密切接触，因此，pH是口罩的一个重要的安全指标。

pH是水萃取液中氢离子浓度的负对数。口罩一般采用国家标准GB/T 7573—2009《纺织品　水萃取液pH值的测定》对pH进行测定。

本节从口罩pH的检测流程、作业指导入手，对国内外相关检测内容进行详细说明，提高大家对相关检测标准的科学认识。

4.20.2　检测人员岗位要求

检测人员应遵守操作规范，并接受pH检测方面的培训及考核，考核通过取得上岗证后方可胜任该岗位。相关人员应具备基本的pH检测概念，熟悉相关检测标准与流程，并熟练操作pH计测试仪器。

4.20.3　检测流程

检测流程如图4-25所示。

4.20.4　检测规程

（1）测试原理。室温下，用带有玻璃电极的pH计测定纺织品水萃取液的pH。

（2）仪器设备。电子天平（精度0.01g）、pH计（配有玻璃电极，测量精度精确到0.01，图4-26）、摇瓶机（往复式速率≥60次/min）。

（3）试剂和材料（表4-34）。

（4）检测部位及要求。根据不同的产品标准，取不同的部位进行测试，详见表4-35。

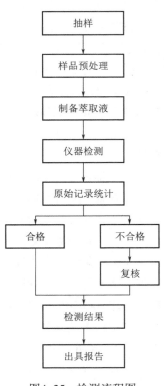

图4-25　检测流程图

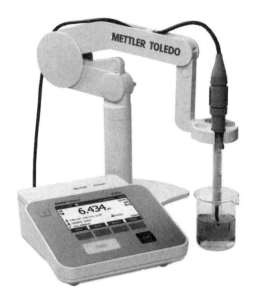

图4-26　pH计

表4-34　试剂耗材清单

物料名称	规格/要求
蒸馏水	符合GB/T 6682—2008规定的三级水
邻苯二甲酸氢钾pH标准物质，pH=4.003	有证标准物质
混合磷酸盐pH标准物质，pH=6.864	有证标准物质
硼砂pH标准物质，pH=9.182	有证标准物质
氯化钾	分析纯
玻璃量筒	100mL
玻璃烧杯	50mL
锥形瓶	250mL

表4-35　测试部位

产品标准	测试部位	pH限值要求
T/GDMDMA 0005—2020《一次性使用儿童口罩》	外层	4.0~7.5
FZ/T 73049—2014《针织口罩》	外层、中间层、里层	4.0~7.5
GB/T 32610—2016《日常防护型口罩技术规范》	里层	4.0~8.5
T/CNTAC 55—2020 T/CNITA 09104—2020《民用卫生口罩》	里层	成人：4.0~8.5 儿童：4.0~7.5
GB/T 38880—2020《儿童口罩技术规范》	里层	4.0~7.5

（5）检测过程。称取代表性试样2g（精确至0.1g，试样剪成5~10mm²）放于250mL磨口锥形瓶中，加入100mL蒸馏水或0.1mol/L KCl溶液，塞上瓶塞，在振荡器上以至少60次/min频率往复振荡（120±5）min（图4-27）。将上清液倒入50mL烧杯中，测定pH。每个测试样品做3个平行样，第一份不记录，记录第二、第三份萃取液的pH，取其平均值，结果保留一位小数。

图4-27　振荡萃取过程

4.20.5　关键控制点

（1）在萃取液温度下用两种或三种缓冲溶液校准pH计，校正斜率满足95%~105%。

（2）如果两个pH测量值之间差异大于0.2，则另取其他试样重新测试，直到得到两个有效的测量值。

（3）前处理室温应控制在15~30℃。

（4）萃取溶剂使用0.1mol/L KCl溶液相比蒸馏水更能得到较为稳定的结果。

4.21　甲醛

4.21.1　目的及原理

甲醛在纺织品中的作用是和人造树脂生成一种交联剂，在样品上形成一层保护层，具有免烫、防缩、防皱和易去污等功能。但是，过量的甲醛会对人体健康产生危害。甲醛对皮肤和眼睛黏膜有强烈的刺激作用，口罩中如存在过量甲醛，会随着穿戴过程逐渐释放，通过皮肤和呼吸道对人体产生危害。因此，甲醛的测定是口罩的一个重要的安全指标。口罩一般采用国家标准GB/T 2912.1—2009《纺织品　甲醛的测定　第1部分：游离和水解的甲醛（水萃取法）》对甲醛进行测定。

本节从甲醛的检测流程、作业指导入手，对国内外相关检测内容进行详细的说明，提高大家对相关检测标准的科学认识。

4.21.2　检测人员岗位要求

检测人员应遵守操作规范，并接受甲醛检测方面的培训、考核，考核通过取得上岗证后方可胜任该岗位。相关人员应具备基本的甲醛检测概念，熟悉相关检测标准与流程，并熟练操作甲醛测试仪器。

4.21.3　检测流程

检测流程如图4-25所示。

4.21.4　检测规程

下面介绍GB/T 2912.1—2009《纺织品　甲醛的测定　第1部分：游离和水解的甲醛（水萃取法）》甲醛检测规程。

（1）测试原理。试样在40℃的水浴中萃取一定时间，萃取液用乙酰丙酮显色后，在412nm波长下，用分光光度计测定显色液中甲醛的吸光度，对照标准甲醛工作曲线，计算出样品中游离甲醛含量。

（2）仪器设备。电子天平（精度为0.1mg）、可见分光光度计（波长412nm，图4-28）、恒温水浴振荡器（图4-29），可控温（40±2）℃。

图4-28　可见分光光度计

图4-29　恒温水浴振荡器

（3）试剂和耗材（表4-36）。

表4-36　试剂耗材清单

名称	规格或等级
甲醛水溶液	标准物质
乙酰丙酮	分析纯
冰醋酸	分析纯
乙酸铵	分析纯
蒸馏水	符合GB/T 6682—2008规定的三级水
试管	25mL
移液管	10mL
玻璃量筒	100mL
锥形瓶	250mL
双甲酮	分析纯
乙醇	分析纯

（4）检测部位及要求。根据不同的产品标准，取不同的部位进行测试，详见表4-37。

表4-37　不同产品标准的甲醛限制及取样部位要求

产品标准	测试部位	甲醛限值要求/（mg/kg）
T/GDMDMA 0005—2020《一次性使用儿童口罩》	外层	≤20
FZ/T 73049—2014《针织口罩》	口罩主体、口罩带	≤20
GB/T 32610—2016《日常防护型口罩技术规范》	口罩主体、口罩带	≤20
T/CNTAC 55—2020，T/CNITA 09104—2020《民用卫生口罩》	口罩主体（包含染色部位）	≤20
GB/T 38880—2020《儿童口罩技术规范》	口罩主体（包含染色部位）	≤20

（5）检测过程。

①标准曲线的绘制。室温下，分别准确移取0、0.015mL、0.030mL、1.5mL、2.0mL、2.5mL浓度为100μg/mL甲醛标准溶液于10mL容量瓶中，用三级水定容，得到0、0.5μg/mL、1.0μg/mL、1.5μg/mL、2.0μg/mL、2.5μg/mL的甲醛标准工作溶液。从上述5个溶液中各吸取5mL，分别移入25mL具塞试管中，加入5mL乙酰丙酮溶液混合，并在（40±2）℃下恒温振荡（30±5）min。避光冷却至室温，以5.0mL乙酰丙酮溶液和5.0mL蒸馏水的混合液作为空白，用分光光度计在412nm处测定吸光度。以甲醛浓度为纵坐标，吸光度为横坐标，绘制标准工作曲线。

②测试步骤。取代表性试样裁剪成5mm×5mm碎块，称取试样1.0g（精确至10.0mg）放于250mL具塞锥形瓶中，加入100mL蒸馏水，盖紧塞子，在（40±2）℃的水浴中轻轻振荡（60±5）min。用过滤器过滤至另一锥形瓶中，滤液待用。从锥形瓶中准确移取5mL滤液于25mL具塞试管中，加入5mL乙酰丙酮溶液，并在（40±1）℃的水浴中显色（30±5）min，然后取出，避光冷（30±5）min，以5.0mL乙酰丙酮溶液和5.0mL蒸馏水的混合液作为空白，用10mm比色皿于分光光度计412nm处测定吸光度。过滤样液如图4-30所示，显色过程如图4-31所示。

图4-30　过滤样液

图4-31　显色过程

③双甲酮验证试验。量取55.0mL样品溶液放入一试管（必要时稀释），加入1mL双甲酮乙醇溶液，并摇动，把溶液放入（40±2）℃水浴中显色（10±1）min，加入5.0mL乙酰丙酮试剂摇动，继续按上述②操作。对照溶液用水而不是样品萃取液，来自样品中的甲醛在412nm的吸光度将消失。

4.21.5　关键控制点

（1）购买的甲醛标准溶液，开封后需定期核查标液有效性。

（2）若从织物上萃取的甲醛含量超过50mg/kg，或试验采用5∶5比例，计算结果超过500mg/kg时，稀释萃取液使之吸光度在工作曲线的范围内（在计算结果时，要考虑稀释因素）。

（3）如果样品的溶液颜色偏深，则取5mL样品溶液放入另一试管，加5mL水，按上述操作，用水空白对照，做两个平行试验。

注意：将已显现出的黄色暴露于阳光下一定的时间会造成褪色，因此在测定过程中应避免在强烈阳光下操作。

（4）如果怀疑吸光值不是来自甲醛而是由样品溶液的颜色产生的，用双甲酮进行一次确认试验。

（5）如果出现萃取液浑浊或显色后黄色产物不明显，但吸光值较大（达到甲醛≥20mg/kg相应的吸光值），需用Φ0.45μm微孔滤头对纳氏试剂显色后的试液进行过滤，再上机测试。

4.22　可分解致癌芳香胺染料

4.22.1　目的及原理

偶氮染料被广泛用于各种产品的着色，如纺织品、纸张、皮革、食品等。早期研究已经证实，偶氮染料在环境中能以不同途径还原降解为胺类物质，其中有些苯胺、联苯胺衍生物为致癌或怀疑具有致癌性的物质，对人类健康与环境构成极大的影响与危害。因此，有必要对可分解致癌芳香胺染料进行监测，以充分评估其对人体和环境的潜在危害。

4.22.2　检测人员岗位要求

检测人员应遵守操作规范，并接受可分解致癌芳香胺染料检测方面的培训、考核，考核通过取得上岗证后方可胜任该岗位。相关人员应了解基本的可分解致癌芳香胺染料检测概念，熟悉相关检测标准与流程，并熟练操作各种色谱仪。

4.22.3　检测流程

检测流程如图4-32所示。

4.22.4　检测规程

（1）测试原理。口罩在柠檬酸盐缓冲溶液介质中用连二亚硫酸钠还原分解以产生可能存在的致癌芳香胺，用适当的液—液分配柱提取溶液中的芳香胺。浓缩后，用适合的有机溶剂定容，用配有质量选择检测器的气相色谱仪进行测定。必要时，选用另外一种或多种方法对异构体进行确认。用配有二极管阵列检测器的高效液相色谱仪（HPLC/DAD，图4-33）或气相色谱/质谱仪（GC/MSD，图4-34）进行定量。

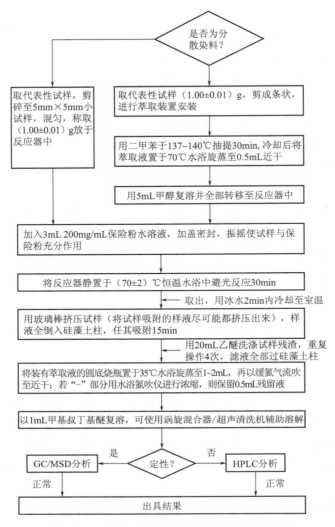

图4-32 可分解致癌芳香胺染料的检测流程图

图4-33 高效液相色谱仪

图4-34 GC/MSD仪器图

（2）试验仪器与试剂。

①试验仪器。高效液相色谱仪（Agilent 1260，配有FLD检测器），电子天平（ME204E，梅特勒-托利多），超纯水机（H₂O-MA-UV-T，赛多利斯），恒温水浴振荡机（AD-12，广东鹤山精湛染整设备厂），涡旋混合器（QT-1，贝其林），具塞玻璃反应器（60mL，费尼根）。

②试验试剂。所需试剂、耗材清单见表4-38。除非另有说明，本方法所用试剂均为分析纯，水为GB/T 6682—2008规定的三级水。

表4-38　试剂、耗材清单

试剂/耗材名称	规格/级别要求	备注
乙醚	分析纯	
甲醇	色谱纯	
甲基叔丁基醚	色谱纯	
一水合柠檬酸	分析纯	
氢氧化钠	分析纯	
氯化钠	分析纯	
连二亚硫酸钠（保险粉）	有效成分Na₂S₂O₄含量≥85%	
禁用偶氮染料专用硅藻土提取柱ProElut™ AZO	可控制流速，最大上样量20mL	需密封保存，开启后的柱子需放干燥器中暂存（不超过24h）
连二亚硫酸钠水溶液（200mg/mL）	称取干粉状连二亚硫酸钠（含量≥85%）2g以水溶解并定容至10mL	现用现配，配制后5min内需使用完
柠檬酸盐缓冲溶液（0.06mol/L，pH=6.0）	称取12.526g柠檬酸和6.320g氢氧化钠用水溶解并定容至1000mL	预加热至70℃

③标准物质。如表4-39所示，24种偶氮混合标准物质（有证标准物质），用甲醇稀释成合适的浓度以配制中间储备溶液、标准工作溶液。

表4-39　标准物质

序号	物质名称	CAS号	序号	物质名称	CAS号
1	4-氨基联苯	92-67-1	13	3,3'-二甲基-4,4'-二氨基二苯甲烷	838-88-0
2	联苯胺	92-87-5	14	2-甲氧基-5-甲基苯胺	120-71-8
3	4-氯邻甲基苯胺	95-69-2	15	4,4'-亚甲基双（2-氯苯胺）	101-14-4
4	2-萘胺	91-59-8	16	4,4'-二氨基二苯醚	101-80-4
5	邻苯基偶氮甲苯	97-56-3	17	4,4'-二氨基二苯硫醚	139-65-1
6	5-硝基-邻甲苯胺	99-55-8	18	邻甲苯胺	95-53-4
7	对氯苯胺	105-47-8	19	2,4-二氨基甲苯	95-80-7
8	2,4-二氨基苯甲醚	615-05-4	20	2,4,5-三甲基苯胺	137-17-7
9	4,4'-二氨基二苯甲烷	101-77-9	21	邻氨基苯甲醚	90-04-0
10	3,3'-二氯联苯胺	91-94-1	22	4-氨基偶氮苯	60-09-3
11	3,3'-二甲氧基联苯胺	119-90-4	23	2,4-二甲基苯胺	95-68-1
12	3,3'-二甲基联苯胺	119-93-7	24	2,6-二甲基苯胺	87-62-7

注　1. 经本方法检测，邻氨基偶氮甲苯分解为邻甲苯胺，5-硝基-邻甲苯胺分解为2,4-二氨基甲苯。

2. 4-氨基偶氮苯经本方法检测分解为苯胺和/或1,4-苯二胺，如检测到苯胺和/或1,4-苯二胺，应重新按GB/T 23344—2009进行测定。

（3）标准系列工作溶液配制流程。标准溶液曲线使用市售的24种禁用偶氮组分混合标准溶液（3000μg/mL），再配制成1250μg/mL混合储备溶液，依图4-35所示配制标准系列工作溶液。

（4）样品预处理。样品预处理参见图4-25可分解致癌芳香胺染料的检测流程图。

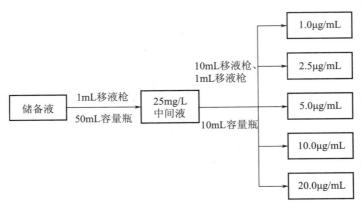

图4-35 标准系列工作溶液配制流程图

（5）色谱条件。

①GC/MSD 仪器条件（表4-40）。

表4-40　GC/MSD 仪器条件

设备	Thermo Trace1300 ISQ 7000			
色谱柱	DB-5MS（30m×0.25mm×0.25μm）			
进样口温度/℃	250			
进样体积/μL	1			
柱流量/mL/min	1			
GC柱温设计	保留时间/min	速率/（℃/min）	目标值/℃	保持时间/min
	1.000	0	60.0	1.00
	13.500	12.00	210.0	0
	14.833	15.00	230.0	0
	21.500	3.00	250.0	0
	24.000	25.00	280.0	1.30
停止时间/min	24.000			
连接线温度/℃	270			
离子源温度/℃	270			
检测器	MS-EI源			
溶剂延迟时间/min	3			
扫描模式	SCAN			
质量扫描范围/amu	35~450			

② HPLC/DAD仪器条件（表4-41）。

表4-41　HPLC/DAD仪器条件

设备	Agilent 1260（DAD）		
色谱柱	Besil C18-H（250 mm×4.6mm，5μm）		
进样量/μL	10		
流速/mL/min	0.6		
流动相	A：缓冲盐（1000mL水+150mL甲醇+0.68g磷酸二氢钾） B：100%甲醇		
洗脱梯度	时间/min	A/%	B/%
	0	67	33
	22.50	42	58
	27.50	15	85
	28.50	0	100
	28.51	0	100
	29.00	0	100
	29.01	90	10
	31.00	90	10
	35.00	90	10
停止时间/min	35.00		
柱温/℃	32		
检测波长/nm	带宽/nm	参比波长/nm	参比带宽/nm
240	4	360	100
280	4	360	100
305	4	360	100
380	4	360	100

（6）结果计算。试样中每种芳香胺含量按下面公式计算，结果表示到整数：

$$x_i = \frac{(c_i - c_0) \cdot V}{m}$$

式中：x_i——试样中芳香胺i的含量，mg/kg；

　　　c_i——样液中芳香胺i的浓度，μg/mL；

　　　c_0——空白溶液中芳香胺的浓度，μg/mL；

　　　V——样品溶液定容体积，mL；

　　　m——样品测试质量，g。

（7）精密度。一般情况下，在重复性条件下获得的两次独立测定结果的绝对差值应不得超过算术平均值的10%。

（8）相关谱图（图4-36、图4-37）。

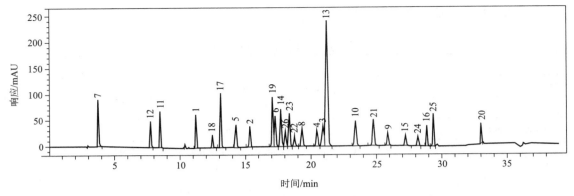

图4-36　偶氮混合标准溶液HPLC/DAD质谱图（60μg/mL）

1—苯胺　2—邻甲苯胺　3—2,4-二甲基苯胺　4—2,6-二甲基苯胺　5—邻甲氨基苯胺（邻氨基苯甲醚）
6—对氯苯胺　7—1,4-苯二胺　8—3-氨基对苯甲醚（2-甲氧基-5-甲基苯胺）　9—2,4,5-三甲基苯胺
10—4-氯邻甲苯胺　11—2,4-二氨基甲苯　12—2,4-二氨基苯甲醚　13—2-萘胺　14—2-氨基-4-硝基甲苯
15—4-氨基联苯　16—4-氨基偶氮苯　17—4,4'-二氨基二苯醚　18—联苯胺　19—4,4'-二氨基二苯甲烷
20—邻氨基偶氮甲苯　21—3,3'-二甲基-4,4'二氨基二苯甲烷　22—3,3'-二甲基联苯胺　23—4,4'-二氨基二苯硫醚
24—3,3'-二氯联苯胺　25—4,4'-亚甲基双（2-氯苯胺）　26—3,3'-二甲氧基联苯胺

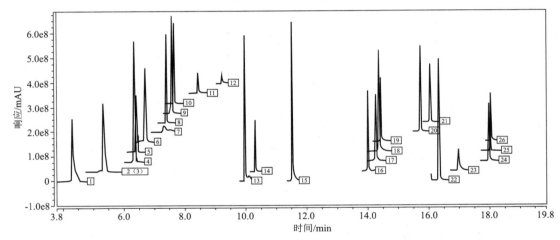

图4-37　偶氮混合标准溶液GC/MSD质谱图（10μg/mL）
（图中1~26含义同图4-36）

4.22.5　关键控制点

（1）关注仪器状态。基线是否正常，保留时间是否漂移或漂移是否在合理范围。

（2）对照标准物质（外标、内标）。目标峰定性是否准确（谱库搜索+保留时间），峰响应是否正常，峰型是否好看，纵坐标间距是否妥当，保留时间是否漂移或漂移是否在合理范围。

（3）看被测样品的目标峰。目标峰定性是否准确，峰响应是否正常，峰型是否好看，纵坐标间距是否妥当，保留时间是否漂移或漂移是否在合里范围，光谱图是否与标准品的一致（液相分析），特征离子丰度比是否与标准品一致，通过谱库检索评估目标峰定性的准确度。

（4）定量时关注线性。校正曲线线性是否达到标准要求，相关系数一般要达到0.99或0.999以上；标准溶液点是否达到5个或5个以上，或是否依据测试标准中的曲线点构成要求。

（5）仪器分析时若出现杂质干扰、峰前倾、峰拖尾、鬼峰等异常情况，需及时提出并排查分析仪器、前处理过程。

（6）关键耗材使用前应验收。保险粉、禁用偶氮染料专用硅藻土提取柱ProElutTM AZO需进行外观、技术性能验收，验收合格才能使用。

（7）分析时，样品溶液若混浊，则要用Φ0.45μm有机滤膜过滤，以降低杂质对目标物质测定的干扰，同时降低样液对仪器进样口、色谱柱的污染。

4.23 环氧乙烷

4.23.1 目的及原理

环氧乙烷是一种有机化合物，化学式为C_2H_4O，简称EO，结构如图4-38所示。能与微生物的蛋白质、DNA和RNA发生烷基化作用，使微生物的正常生化反应及新陈代谢受阻，继而失去活性，从而达到灭菌的效果。因其具有很强的穿透力，可达被消毒物品内部深处，能杀灭多数病原微生物，包括细菌繁殖体细菌芽孢、真菌、病毒，具有广谱高效灭菌剂的美誉。环氧乙烷对金属不腐蚀，无残留气味，可用于消毒一些不能耐受高温消毒的物品，是很好的冷消毒剂之一。目前，环氧乙烷已广泛应用于医疗器械、医疗产品的灭菌工艺当中。

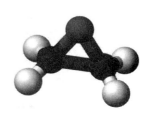

图4-38 环氧乙烷结构图

环氧乙烷本身也是一种有毒和致癌的物质。在2017年10月27日世界卫生组织国际癌症研究机构公布的致癌物清单中，环氧乙烷被列入"一类致癌物"清单内。因此，当新产品或原材料、消毒工艺改变可能影响产品理化性能时，应监控环氧乙烷残留量来确定产品消毒后启用时间，以保护使用人员的身体健康。

本节主要介绍GB 15979—2002《一次性使用卫生用品卫生标准》条款7.1.5环氧乙烷残留量（附录D）以及GB/T 14233.1—2008《医用输液、输血、注射器具检验方法 第1部分：化学分析方法》中对环氧乙烷残留量测定条款9环氧乙烷残留量测定——气相色谱法（极限浸提法）的相关规定。

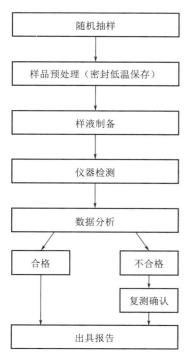

图4-39 环氧乙烷检测流程图

4.23.2 检测人员岗位要求

检测人员应遵守操作规范，并接受环氧乙烷检测方面的培训、考核，考核通过取得上岗证后方可胜任该岗位。相关人员应具备基本的环氧乙烷检测概念，熟悉相关检测标准与流程，并熟练操作环氧乙烷测试仪器——气相色谱仪。

4.23.3 检测流程

检测流程如图4-39所示。

4.23.4 检测规程

下面介绍GB/T 14233.1—2008《医用输液、输血、注射器具检验方法 第1部分：化学分析方法》条款9（极限浸提法）检测规程。

（1）测试原理。以水为萃取溶剂，采用极限浸提法提取样品中环氧乙烷残留量，通过气相色谱分析，使用外标峰面积法定量分析。

（2）试验仪器与试剂。

①试验仪器。气相色谱仪（图4-40），配备分流/不分流进样口和FID检测器，顶空进样器；电子天平，精确至0.0001g。

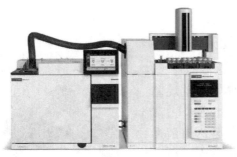

②试剂。环氧乙烷水中标准物质（市售产品）；一级水（符合GB/T 6682—2008规定）。

（3）操作步骤。

①标准工作溶液的配制。取市售环氧乙烷水中标准物质（1000μg/mL），首先稀释为10μg/mL、100μg/mL的中间溶液，再逐级稀释配制成1μg/mL、2μg/mL、4μg/mL、6μg/mL、8μg/mL、10μg/mL六个系列浓度标准溶液，精确量取5.0mL，置于20mL顶空

图4-40 气相色谱仪

瓶中，密封，备用。环氧乙烷标准溶液稀释过程见表4-42。

表4-42 环氧乙烷标准溶液稀释过程

系列浓度/（μg/mL）	中间溶液/（μg/mL）	移液体积/μL	定容体积/mL	溶剂
1.0	10	500	5.00	一级水
2.0	100	100	5.00	一级水
4.0	100	200	5.00	一级水
6.0	100	300	5.00	一级水
8.0	100	400	5.00	一级水
10.0	100	500	5.00	一级水

②样液制备。将预处理样品剪碎成约5mm×5mm碎块，随机精确称取1g，放入20mL顶空瓶（图4-41）中，准确加入5.0 mL去离子水，密封，置于60℃下平衡40min。

图4-41 20mL顶空瓶

（4）色谱条件。由于测试结果与使用的仪器和条件有关，因此不可能给出色谱分析的普遍参数，采用表4-43参数已被证明对测试是合适的。

表4-43　GC-FID分析参数

仪器	Agilent GC 8890
色谱柱	HP-PLOT/Q+PT（30m×0.530mm×40.0μm）
进样量/μL	1000
恒流模式/（mL/min）	6
进样口	进样口温度：200℃；分流进样，分流比：5∶1
柱温箱升温程序	140℃，保持6min
检测器条件	FID，检测器温度：250℃
空气流量/（mL/min）	300
氢气燃气流量/（mL/min）	30
尾吹气流量（N₂）/（mL/min）	25
顶空条件	平衡温度：60℃；振荡频率：100次/min；阀和定量环温度：100℃；传输线温度：120℃；平衡时间：30min；进样持续时间：0.5min；GC 循环时间：12min；样品瓶加压：10psi①；充满定量环压力：4psi

①1psi=6.895kPa。

（5）样品的测定。分别对标准系列工作溶液进样，浓度由低到高进样检测，以色谱峰面积为纵坐标，以浓度为横坐标作图，得到标准曲线回归方程，要求相关系数R^2>0.995。根据保留时间对待测物质中的环氧乙烷进行定性分析，根据色谱峰面积用外标法对样品中环氧乙烷的含量进行定量分析。

（6）结果计算。以下式计算单位产品中环氧乙烷的绝对含量：

$$W_{EO}=\frac{5cm_1}{m_2}\times10^{-3}$$

式中：W_{EO}——产品中环氧乙烷绝对含量，mg/mL；

　　　5——量取的浸提液体积，mL；

　　　c——标准曲线上找出的试液相应的浓度，μg/mL；

　　　m_1——单位产品的质量，g；

　　　m_2——称样量，g。

（7）测定低限、回收率和精密度。

①检测限值。本方法环氧乙烷的限值参见表4-44。

表4-44　环氧乙烷的检测限值

物质	检出限/（μg/g）	定量低限/（μg/g）
环氧乙烷	0.04	0.1

②回收率要求。本方法环氧乙烷的回收率在92.5%~101.4%。

③精密度要求。在同一实验室，由同一操作者使用相同设备，按相同的测试方法，并在

短时间内对被测对象相互独立地进行测试获得的两次独立测试结果的绝对差值不大于这两个测定值的算术平均值的10%。

（8）相关谱图。

①空白水溶液谱图（图4-42）。

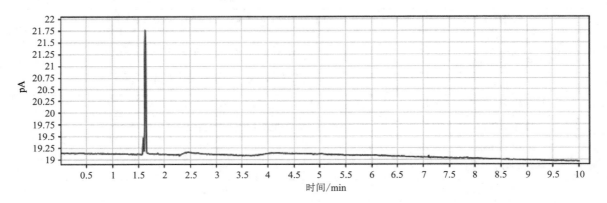

图4-42　空白水溶液谱图

②1μg/mL环氧乙烷标准溶液标准谱图（图4-43）。

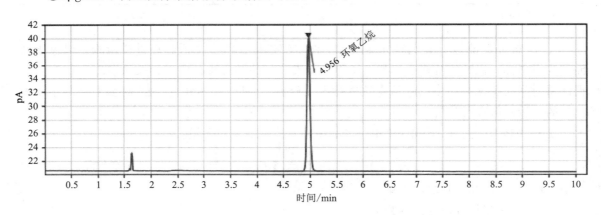

图4-43　1μg/mL环氧乙烷标准溶液标准谱图

（9）产品标准对环氧乙烷的符合性要求（表4-45）。

表4-45　部分产品标准及对环氧乙烷的限量要求

序号	产品标准	环氧乙烷残留量要求
1	GB 19082—2009《医用一次性防护服技术要求》	≤10μg/g
2	GB 19083—2010《医用防护口罩技术要求》	≤10μg/g
3	GB/T 32610—2016《日常防护性口罩技术规范》	≤10μg/g
4	YY 0469—2011《医用外科口罩》	≤10μg/g
5	YY/T 0969—2013《一次性使用医用口罩》	≤10μg/g

（10）不同方法异同点比较（表4-46）。

表4-46 GB/T 14233.1—2008条款9（极限浸提法）与GB/T 14233.1—2008条款7.1.5异同点

测试方法	不同点	相同点
GB/T 14233.1—2008条款9（极限浸提法）	1.取产品上与人体接触相对残留含量最高的部件进行试验 2.取样量：1g 3.顶空条件：平衡时间40min	1.检测设备：气相色谱仪（带FID检测器） 2.将代表性样品剪碎成约5mm×5mm碎块 3.反应容器：20mL顶空瓶（带瓶盖、PTFE内垫） 4.萃取溶剂：5.0mL去离子水 5.顶空条件：平衡温度60℃
GB/T 14233.1—2008条款7.1.5	1.至少取2个最小包装产品进行试验 2.取样量：2g 3.顶空条件：平衡时间30min	

4.23.5 关键控制点

（1）环氧乙烷沸点为10.4℃，极易挥发，标准系列溶液配制建议冰浴处理（或冰盒处理），可获得较好的线性。

（2）待测样品需原包装密封冷藏处理，开封后宜低温（≤20℃）快速剪碎、称量，建议两人配合。

（3）试验用到的环氧乙烷标准物质为有毒有害物质，操作人员应注意防护。

4.24 荧光增白剂

4.24.1 目的及原理

荧光增白剂是一种荧光染料，或称为白色染料，是一种色彩调理剂，具有亮白增艳的作用。其作用原理是：染料吸收光线中不可见的紫外光，并发出可见的蓝光，与织物发出的黄光进行叠加后，互补形成白光，使织物发出的白光增加，肉眼可感觉到白色织物明显变得亮白。

科学研究表明，荧光剂被人体吸收后不容易降解，一旦与人体中的蛋白质结合，只有通过肝脏分解才能排出体外。根据医学临床试验，荧光剂可以使细胞产生变异，可能会成为潜在的致癌因素。GB/T 38880—2020《儿童口罩技术规范》对可迁移性荧光增白物的添加有明确规定：在儿童口罩中不得检出可迁移性荧光增白物。

因此，对儿童口罩可迁移性荧光增白物的研究就具有十分重大的意义。本节从儿童口罩的检测流程、作业指导入手，对FZ/T 01137—2016《纺织品 荧光增白剂的测定》的相关检测内容进行详细说明，提高大家对相关检测标准的科学认识。

4.24.2 检测人员岗位要求

检测人员应遵守操作规范，并接受荧光增白剂检测方面的培训、考核，考核通过取得上岗证后方可胜任该岗位。相关人员应具备基本的荧光增白剂检测概念，熟悉相关检测标准与流程，并熟练操作荧光增白剂测试仪器——高效液相色谱仪。

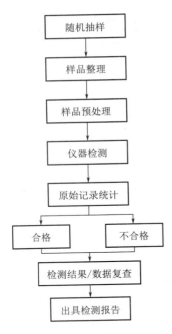

图4-44 荧光增白剂检测流程图

4.24.3 检测流程

检测流程如图4-44所示。

4.24.4 检测规程

下面介绍FZ/T 01137—2016《纺织品 荧光增白剂的测定》检测规程。

（1）测试原理。样品在70%的二甲基甲酰胺—水混合溶液中经超声提取后，用配有荧光检测的高效液相色谱仪（HPLC/FLD）测定。采用保留时间对待测物质进行定性分析，外标峰面积法对待测物质进行定量分析。

（2）测试仪器与试剂。高效液相色谱仪（Agilent 1260，配有FLD检测器），电子天平（ME204E，梅特勒–托利多），超纯水机（H₂O–MA–UV–T，赛多利斯），离心机（JW-2017H，浙江嘉文），超声波清洗机（KQ-400KDE，昆山市超声仪器有限公司），涡旋混合器（QT-1，贝其林），具塞玻璃反应器（40mL，PTFE内垫，费尼根）。

甲醇（色谱醇，美国BCR），乙腈（色谱纯，科密欧），三氯甲烷（分析纯，广州化学试剂），二甲基甲酰胺（分析纯，广州化学试剂），乙酸铵（色谱纯，科密欧）。

标准物质信息见表4-47。

表4-47 9种荧光增白剂标准物质信息

序号	名称	CAS NO.	纯度/%	品牌
1	荧光增白剂220	16470-24-9	45.3	BePure
2	荧光增白剂85	12224-06-5	99.1	CATO
3	荧光增白剂113	12768-92-2	97.0	BePure
4	荧光增白剂351	37344-41-8	99.8	BePure
5	荧光增白剂71	16090-02-1	93.6	BePure
6	荧光增白剂140	91-44-1	99.9	BePure
7	荧光增白剂135	1041-00-5	99.2	BePure
8	荧光增白剂162	3271-5-4	95.0	ANPEL
9	荧光增白剂199	13001-40-6	99.3	ANPEL

（3）标准储备溶液及标准系列工作溶液的配制。

①分别准确称取荧光增白剂85、荧光增白剂113、荧光增白剂351、荧光增白剂71各约10mg，用70%的二甲基甲酰胺—水混合溶液配制成浓度为1mg/mL的单物质标准储备溶液。

②分别准确称取荧光增白剂162、荧光增白剂140、荧光增白剂135、荧光增白剂199约10mg，用三氯甲烷配制成浓度为1mg/mL的单物质标准储备溶液。

③准确称取荧光增白剂220约20mg，用三氯甲烷配制成浓度为1mg/mL的单物质标准储备

溶液。

分别移取荧光增白剂单物质标准储备溶液适量至50mL容量瓶中，用乙腈定容至刻度，得到荧光增白剂220、荧光增白剂85、荧光增白剂113、荧光增白剂351、荧光增白剂71、荧光增白剂162、荧光增白剂140、荧光增白剂135、荧光增白剂199的浓度为70μg/mL、40μg/mL、40μg/mL、1μg/mL、20μg/mL、10μg/mL、4μg/mL、1μg/mL、2μg/mL荧光增白剂混合标准中间溶液。

准确移取100μL、250μL、500μL、1000μL、2500μL、5000μL、10000μL荧光增白剂混合标准中间溶液，用乙腈定容至10mL，摇匀，即得表4-48标准系列工作溶液。

表4-48 标准系列工作溶液　　　　　　　　　　　单位：μg/mL

项目	Std	Std	Std	Std	Std	Stdl	Std	线性范围汇总
荧光增白剂220	0.7	1.75	3.5	7	17.5	35	70	0.7~70
荧光增白剂85	0.4	1	2	4	10	20	40	0.4~40
荧光增白剂113	0.4	1	2	4	10	20	40	0.4~4.0
荧光增白剂351	0.01	0.025	0.05	0.1	0.25	0.5	1	0.01~1
荧光增白剂71	0.2	0.5	1	2	5	10	20	0.2~2
荧光增白剂162	0.1	0.25	0.5	1	2.5	5	10	0.1~10
荧光增白剂140	0.04	0.1	0.2	0.4	1	2	4	0.04~4
荧光增白剂135	0.01	0.025	0.05	0.1	0.25	0.5	1	0.01~1
荧光增白剂199	0.02	0.05	0.1	0.2	0.5	1	2	0.02~2

（4）样品预处理。取代表性试样剪成5cm×5cm碎片，混匀，准确称取1.0g（精确至0.001g）试样放于40mL玻璃反应器中，准确加入20mL 70%的二甲基甲酰胺—水混合溶液，50℃水浴下超声萃取40min，冷却至室温。取适量样液以5000r/min离心5min，取上清液经0.45μm有机相滤膜过滤，滤液供高效液相色谱仪测定。

（5）色谱条件。由于测试结果与使用的仪器和条件有关，因此不可能给出色谱分析的普遍参数，采用以下参数已被证明对测试是合适的。

色谱柱：Thermo Phenyl 250×4.6mm，5μm；进样量：1μL；流速：0.5mL/min；柱温：35℃；检测波长：发射波长430nm，激发波长365nm；流动相A：20mmol/L乙酸铵；流动相B：甲醇；流动相C：乙腈。洗脱程序见表4-49。

表 4-49 洗脱程序

时间/min	流动相A/%	流动相B/%	流动相C/%	流速/（mL/min）
0.00	75	13.8	11.2	0.5
7.00	65	19.3	15.7	0.5
25.00	40	33	27	0.5
35.10	20	44	36	0.5
40.00	0	55	45	1
41.00	0	55	45	1
43.00	75	13.8	11.2	1
46.00	75	13.8	11.2	1
（后运行1.00min）	75	13.8	11.2	0.5

（6）样品的测定。分别对标准系列工作溶液进样，浓度由低到高进样检测，以色谱峰面积为纵坐标，以浓度为横坐标作图，得到标准曲线回归方程，要求相关系数$R^2 > 0.995$。根据保留时间对待测物质中的荧光增白剂进行定性，根据色谱峰面积用外标法对样品中荧光增白剂的含量进行定量。

（7）结果的计算。试样中每种荧光增白剂含量按下式计算，结果表示到小数点后一位：

$$X = \frac{cV}{m}$$

式中：X——试样中荧光增白剂的含量，mg/kg；

c——从标准曲线得到的荧光增白剂溶液浓度，mg/mL；

V——样液体积，mL；

m——试样质量，mg。

（8）测定低限、回收率和精密度。

①纺织品中9种荧光增白剂的限值参见表4-50。

表4-50　纺织品中9种荧光增白剂的检测低限

物质	检出限/（mg/kg）	定量低限/（mg/kg）
荧光增白剂220	14	70
荧光增白剂85	8	40
荧光增白剂113	8	40
荧光增白剂351	0.2	1
荧光增白剂71	4	20
荧光增白剂162	2	10
荧光增白剂140	0.8	4
荧光增白剂135	0.2	1
荧光增白剂199	0.4	2

②回收率要求。本方法9种荧光增白剂的回收率在80%～110%。

③精密度要求。在同一实验室，由同一操作者使用相同设备，按相同的测试方法，并在短时间内对被测对象相互独立进行测试，获得的两次独立测试结果的绝对差值不大于这两个测定值的算术平均值的10%。以大于这两个测定值的算术平均值的10%的情况不超过5%为前提。

（9）相关谱图（图4-45，图4-46）。

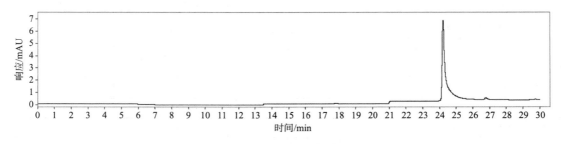

图4-45　试剂空白色谱图

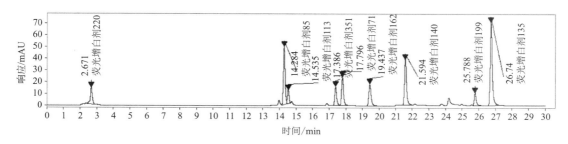

图4-46　std5-9种荧光增白剂标准色谱图

4.24.5　关键控制点

（1）检测过程中应进行空白试验。

（2）光对荧光增白剂溶液浓度有明显影响，导致测定结果产生偏差，试验过程中，应尽可能避免光线的照射。

（3）试验用到的9种荧光增白剂标准物质、乙腈、二甲基甲酰胺、三氯甲烷均为有毒化合物，其中三氯甲烷为剧毒物质，操作人员应注意防护。

4.25　微生物卫生指标

4.25.1　目的及原理

口罩经过处理，在一定条件下（如培养基成分、温度、时间等）培养，1g检测样品中所含的微生物菌落总数。

4.25.2　检测人员岗位要求

（1）检测人员通过学习和培训，熟悉GB 15979—2002，能掌握微生物指标的测试原理。

（2）检测人员能熟练操作高压蒸汽灭菌锅、生物安全柜、洁净工作台等仪器。

（3）检测人员经培训并考核合格后方可上岗。

4.25.3　检测流程

检测流程如图4-47所示。

4.25.4　检测规程

（1）样品处理。随机选取至少3个包装，用无菌方法打开，从每个包装中取样，准确称取（10±1）g样品。用无菌剪刀剪碎后加入200mL灭菌生理盐水中，充分混匀，得到一个生理盐水样液。

（2）细菌菌落总数。菌落总数是判别样品被细菌污染的程度，为对样品进行卫生学评价时的依据。

①检测流程图如图4-47所示。

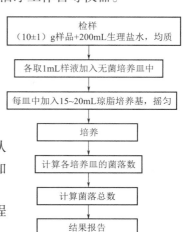

图4-47　检测流程图（菌落总数）

②操作步骤。

第一步：样品处理。见上述内容（1）样品处理。

第二步：取液。吸取1mL样液于无菌培养皿内，需接种5个培养皿。同时，吸取1mL同批次空白生理盐水加入无菌培养皿内作为空白对照。

第三步：倾注培养基。营养琼脂培养基冷却至45℃左右后，将其往培养皿内倾注15~20mL，摇匀。

第四步：培养。待琼脂凝固后，倒置培养皿于（35±1）℃培养48h。

第五步：结果观察与计算。记录培养皿上的菌落数，必要时可借用放大镜或菌落计数器。

注意：若培养皿上出现无明显界线的链状生长的菌落，则每条单链作为一个菌落计数。若培养皿有较大片状菌落生长，则不宜采用；若片状菌落不到培养皿的一半，而其余一半菌落分布又很均匀，则可计算半个培养皿后乘以2，代表一个培养皿的菌落数。

求5个培养皿的平均菌落总数，公式如下：

$$X_1 = A \times \frac{K}{5}$$

式中：X_1——细菌菌落总数，CFU/g；

A——5块营养琼脂培养基培养皿上的细菌菌落总数；

K——稀释倍数。

第六步：结果报告。

注意：若所有培养皿均无菌落生长，则以小于1乘以最低稀释倍数计算。菌落数小于100CFU时，按四舍五入原则修约，以整数报告。菌落数大于或等于100CFU时，按四舍五入原则修约，采用二位有效数字的科学计数法表示。

（3）大肠菌群。大肠菌群并非细菌学分类命名，而是卫生细菌领域的用语，它不代表某一个或某一属细菌，而指的是具有某些特性的一组与粪便污染有关的细菌，其定义为：需氧及兼性厌氧、能分解乳糖产酸产气的革兰氏阴性无芽胞杆菌。这一菌群细菌包括大肠埃希氏菌、柠檬酸杆菌、阴沟肠杆菌、产气克雷伯氏菌（克雷伯菌属的一部分）等。

大肠菌群繁殖时使乳糖发酵产酸，发酵液中的溴甲酚紫是pH指示剂，酸性呈黄色，碱性呈紫色，同时产生酸。

①检测流程图（图4-48）。

②检测步骤。

第一步：样品处理。见上述内容（1）样品处理。

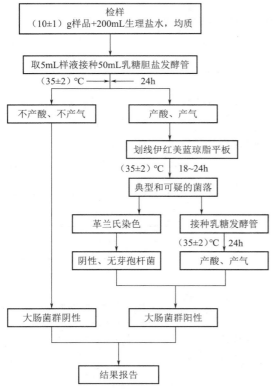

图4-48　检测流程图（大肠菌群）

第二步：初发酵。吸取样液5mL加入50mL乳糖胆盐发酵管中，置于（35±2）℃培养24h。

第三步：结果观察。观察玻璃倒管的产气情况，发酵管溶液的颜色变化情况。若不产酸且不产气者则报告为大肠菌群阴性。否则，继续进行验证试验，如图4-49所示。

第四步：鉴定。

a．划线分离。产酸产气者，在伊红美蓝琼脂培养基上划线，置于（35±2）℃培养18~24h。观察伊红美蓝琼脂培养基上的菌落形态。典型的大肠菌落为黑紫色或红紫色，圆形，边缘整齐，表面光滑湿润，常有金属光泽，也有呈紫黑色，不带或略带金属光泽，或粉红色，中心较深的菌落，如图4-50所示。

b．镜检。挑取1~2个疑似菌落，进行革兰氏染色镜检，如图4-51所示。

c．复发酵。接种乳糖发酵管进行复发酵试验，置（35±2）℃培养24h，观察产气情况，如图4-52所示。

第五步：结果报告。乳糖胆盐发酵管产酸产气，乳糖发酵管产酸产气，伊红美蓝培养基上有典型大肠菌群，革兰氏染色为阴性，无芽孢杆菌。可报告被检样品检出大肠杆菌。

图4-49　初发酵试验结果
左侧为阴性结果（不产酸且不产气）；
右侧为阳性结果（不产酸而产气）

图4-50　伊红美蓝琼脂培养皿上典型菌落形态

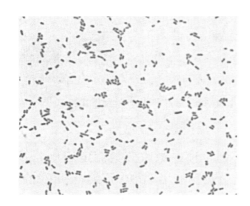

图4-51　大肠杆菌显微镜下革兰氏染色形态

图4-52　复发酵试验结果
左侧为乳糖发酵液阳性；右侧为空白对照

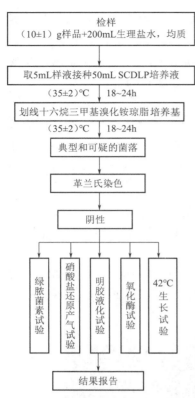

检样
（10±1）g样品+200mL生理盐水，均质

↓

取5mL样液接种50mL SCDLP培养液
（35±2）℃　18~24h

↓

划线十六烷三甲基溴化铵琼脂培养基
（35±2）℃　18~24h

↓

典型和可疑的菌落

↓

革兰氏染色

↓

阴性

绿脓菌素试验

硝酸盐还原产气试验

明胶液化试验

氧化酶试验

42℃生长试验

↓

结果报告

图4-53　检测流程图（绿脓杆菌）

（4）绿脓杆菌。绿脓杆菌，又称铜绿假单胞菌，属于假单胞菌属，是专性需氧的革兰氏阴性无芽孢杆菌，氧化酶阳性，能产生绿脓菌素。此外，还能液化明胶，还原硝酸盐为亚硝酸盐，在（42±1）℃条件下能生长。

①检测流程图（图4-53）。

②操作步骤。

第一步：样品处理。见上述内容（1）样品处理。

第二步：增菌。取5mL样液加至50mL SCDLP培养液中，充分混匀，置于（35±2）℃培养18~24h。

第三步：分离。将增菌后的培养物接种于十六烷三甲基溴化铵琼脂培养基，置于（35±2）℃培养18~24h，观察菌落形态。绿脓杆菌在此培养基上生长良好，菌落扁平，边缘不整，常见菌落周围培养基略带粉红色，其他菌不长，如图4-54所示。

第四步：鉴定。

a. 革兰氏染色镜检。挑取可疑菌涂片染色，镜检为革兰氏阴性菌者（图4-55）应进行生化鉴定。

b. 氧化酶试验。取一小块洁净的白色滤纸片放在灭菌平基内，用无菌玻棒挑取可疑菌落涂在滤纸片上，然后在其上滴加一滴新配制的1%二甲基对苯二胺试液，30s内出现粉红色或紫红色，为氧化酶试验阳性，不变色者为阴性，如图4-56所示。

图4-54　绿脓杆菌在十六烷三甲基溴化铵琼脂培养基上的典型菌落

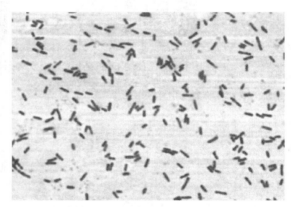

图4-55　绿脓杆菌显微镜下革兰氏染色形态

c. 绿脓菌素试验。取2~3个可疑菌落，分别接种在绿脓菌素测定用培养基斜面，（35±2）℃培养24h，加入三氯甲烷 3~5mL，充分振荡使培养物中可能存在的绿脓菌素溶解，待三氯甲烷呈蓝色时，加入1mol/L的盐酸6~10滴，振荡后静置片刻。如上层出现粉红色或紫红色即为阳性，表示有绿脓菌素存在，如图4-57所示。

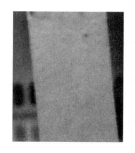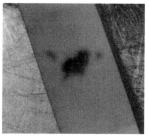

图4-56　氧化酶试验

左侧为阴性结果；右侧为阳性结果

　　d．硝酸盐还原产气试验。挑取被检菌落纯培养物接种在硝酸盐胨水培养基中，置于（35±2）℃培养24h，培养基小倒管中有气者即为阳性，如图4-58所示。

　　e．明胶液化试验。取可疑菌落纯培养物，穿刺接种在明胶培养基内，置于（35±2）℃培养24h，取出放于4~10℃，如仍呈液态为阳性，凝固者为阴性，如图4-59所示。

　　f．42℃生长试验。取可疑培养物，接种在普通琼脂斜面培养基上，置于42℃培养24~48h，有绿脓杆菌生长为阳性，如图4-60所示。

图4-57　绿脓菌素试验　　　　　　　　　图4-58　硝酸盐还原产气试验

左侧为阴性结果；右侧为阳性结果　　　　　左侧为阴性结果；右侧为阳性结果

图4-59　明胶液化试验　　　　　　图4-60　42℃生长试验

上为阳性结果（液化）；下为阴性结果（凝固）　　左侧为阳性结果；右侧为阴性结果

　　第五步：结果报告。被检样品的试验现象符合下述任一情况的，即可报告检出绿脓杆菌。

　　a．革兰氏阴性杆菌、氧化酶及绿脓杆菌试验均为阳性。

　　b．绿脓菌素试验为阴性，而液化明胶、硝酸盐还原产气和42℃生长试验均为阳性。

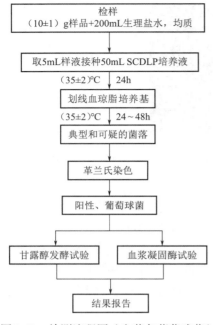

检样
（10±1）g样品＋200mL生理盐水，均质

取5mL样液接种50mL SCDLP培养液

（35±2）℃ 24h

划线血琼脂培养基

（35±2）℃ 24~48h

典型和可疑的菌落

革兰氏染色

阳性、葡萄球菌

甘露醇发酵试验　　血浆凝固酶试验

结果报告

图4-61　检测流程图（金黄色葡萄球菌）

（5）金黄色葡萄球菌。金黄色葡萄球菌是葡萄球菌属中致病性最强的一种，革兰氏阳性，无芽孢和鞭毛，广泛分布于自然界，同时存在于人和动物与外界相通的腔道中。该菌除可导致局部化脓感染、肺炎、心包炎等疾病外，还可产生大量的侵袭性物质，如凝固酶、耐热核酸酶等酶类，溶血素、肠毒素、葡萄球菌溶素等毒素。

①检测流程图（图4-61）。

②操作步骤。

第一步：样品处理。见上述内容（1）样品处理。

第二步：增菌。取5mL样液加至50mL SCDLP培养液中，充分混匀，置于（35±2）℃培养24h。

第三步：分离。将培养液接种于血琼脂培养基，置于（35±2）℃培养24h，观察菌落形态。金黄色葡萄球菌在血琼脂培养基上的典型菌落为：金黄色，大而凸起，圆形，不透明，表面光滑，周围有溶血圈，如图4-62所示。

第四步：鉴定。

a.革兰氏染色镜检。挑取可疑菌涂片染色，镜检为革兰氏阳性球菌，排列成葡萄状，无芽孢和荚膜（图4-63），应进行鉴定。

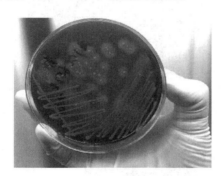

图4-62　金黄色葡萄球菌在血琼脂
培养基上的典型菌落

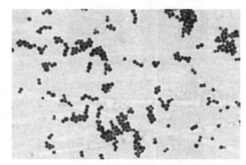

图4-63　金黄色葡萄球菌显微镜下
革兰氏染色形态

b.甘露醇发酵试验。取上述菌落接种于甘露醇培养液，置于（35±2）℃培养24h，发酵甘露醇产酸者为阳性，如图4-64所示。

c.血浆凝固酶试验。血浆凝固酶原理：致病性葡萄球菌产生的凝固酶能使加有抗凝剂的人或兔血浆凝固，可作为鉴定致病性葡萄球菌的重要指标。致病性葡萄球菌产生血浆凝固酶，使血浆中纤维蛋白原变为不溶性纤维蛋白，附于细菌表面，生成凝块，因而具有抗吞噬的作用。

（a）玻片法。取清洁干燥载玻片，一端滴加一滴生理盐水，另一端滴加一滴兔血浆，挑取菌落分别与生理盐水和血浆混合，5min内如血浆出现团块或颗粒状凝块，而盐水滴仍呈均匀混浊无凝固则为阳性，如两者均无凝固则为阴性。凡盐水滴与血浆滴均有凝固现象。

（b）试管法。吸取1：4新鲜血浆0.5mL，放灭菌小试管中，加入等量待检菌24h肉汤培养物0.5mL，混匀，放于（35±2）℃温箱或水浴中，每30min观察一次，24h之内呈现凝块即为阳性，同时以已知血浆凝固酶阳性和阴性菌株肉汤培养物各0.5mL作为阳性与阴性对照。

（c）（商品化）冻干血浆法。每支西林瓶加入0.5mL灭菌生理盐水至完全溶解，然后加入葡萄球菌24h肉汤培养物0.3mL，充分混匀，盖好西林瓶胶塞，置于（36±1）℃培养，在6h内定时观察结果。结果观察：倾斜或倒置试管时，呈现凝固块，或凝固块体积大于原体积的一半时，为血浆凝固酶阳性，如图4-65所示。观察结果时应避免用力振动西林瓶，以免凝块振碎。

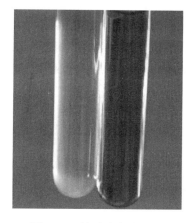

图4-64 甘露醇发酵试验

左侧为阳性结果；右侧为阴性结果

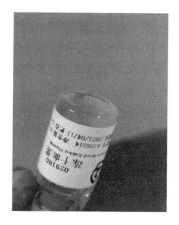

图4-65 血浆凝固酶试验阳性结果

第五步：结果报告。被检样品的试验现象中，镜检为革兰氏阳性葡萄球菌，并能发酵甘露醇产酸，血浆凝固酶试验阳性者，即可报告检出金黄色葡萄球菌。

（6）溶血性链球菌。β溶血性链球菌为革兰氏阳性链球菌，呈球形或椭圆形，直径0.6~1.0μm，呈链状排列，长短不一，从4~8个至20~30个菌细胞组成不等，链的长短与细菌的种类及生长环境有关。β溶血性链球菌属需氧或兼性厌氧菌，营养要求较高，普通培养基上生长不良，需补充血清、血液等生长因子。在血琼脂培养基上形成灰白色、半透明、表面光滑、边缘整齐、直径0.5~0.75mm的细小菌落，能产生链球菌溶血素O/S，所以能在血琼脂培养基上出现溶血环。β溶血性链球菌在代谢过程中，产生链激酶，能激活血液中的纤维蛋白酶原为溶纤维蛋白酶，促使纤维蛋白凝块溶解。

①检测流程图（图4-66）。

②操作步骤。

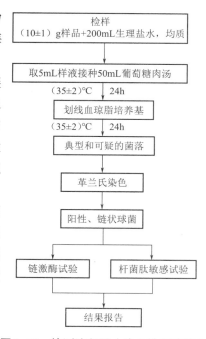

图4-66 检测流程图（溶血性链球菌）

第一步：样品处理。见上述内容（1）样品处理。

第二步：增菌。取5mL样液加至50mL葡萄糖肉汤中，充分混匀，置于（35±2）℃培养24h。

第三步：分离。将增菌后的培养物接种于血琼脂培养基，置于（35±2）℃培养 24h，观察菌落形态。溶血性链球菌在血琼脂培养基上为灰白色，半透明或不透明，针尖状突起，表面光滑，边缘整齐，周围有无色透明溶血圈，如图4-67所示。

第四步：鉴定。

a．革兰氏染色镜检。挑取典型菌落作涂片革兰氏染色镜检，为革兰氏阳性，呈链状排列的球菌（图4-68），应进行生化鉴定。

b．链激酶试验。吸取草酸钾血浆0.2mL（0.01g草酸钾加5mL兔血浆混匀，经离心沉淀，吸取上清液），加入0.8mL灭菌生理盐水，混匀后再加入待检菌24h肉汤培养物0.5 mL和0.25%氯化钙0.25mL，混匀，放于（35±2）℃水浴中，2min观察一次（一般10min内可凝固），待血浆凝固后继续观察并记录溶化时间。如2h内不溶化，继续放置24h观察，如凝块全部溶化为阳性，24h仍不溶化为阴性，如图4-69所示。

c．杆菌肽药敏试验。将被检菌菌液涂于血琼脂培养基上，用灭菌镊子取每片含0.04单位杆菌肽的纸片放在培养基表面上，同时以已知阳性菌株作对照，在（35±2）℃下放置18~24h，有抑菌带者为阳性，如图4-70所示。

第五步：结果报告。镜检革兰氏阳性链状排列球菌，血培养皿上呈现溶血圈，链激酶和杆菌肽试验呈阳性，即可报告检出溶血性链球菌。

图4-67 β溶血性链球菌在血琼脂
培养基上的典型菌落

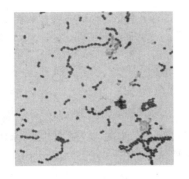

图4-68 溶血性链球菌显微镜下
革兰氏染色形态

图4-69 链激酶试验
左为阳性结果；右为阴性结果

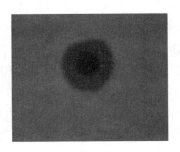

图4-70 杆菌肽药敏试验阳性结果

（7）真菌菌落总数。即口罩在一定时间、温度、营养物条件下培养后，1g或1mL样品中所污染的活的霉菌和酵母菌数量，以判明一次性卫生用品被霉菌和酵母菌污染程度及其一般卫生状况。

①检测流程图。检测流程如图4-47所示。

②操作步骤。

第一步：样品处理。见上述内容（1）样品处理。

第二步：接种。吸取1mL样液于无菌培养皿内，需接种5个培养皿。同时，分别吸取1mL同批次空白生理盐水加入培养皿内作空白对照。

第三步：倾注培养基。沙氏琼脂培养基冷却至45℃左右后，将其往培养皿内倾注15~20mL，摇匀。

第四步：培养。待琼脂凝固后，置于（35±1）℃培养7天，分别于3天、5天、7天观察，计算培养皿上的菌落数，如果发现菌落蔓延，以前一次菌落计数为准。沙氏琼脂上菌落生长形态如图4-71所示。

第五步：结果观察与计算。记录培养皿上的菌落数，必要时可借用放大镜或菌落计数器。

注意：若培养皿上出现无明显界线的链状生长的菌落，则每条单链作为一个菌落计数。若培养皿有较大片状菌落生长，则不宜采用；若片状菌落不到培养皿的一半，而其余一半菌落分布又很均匀，则可计算半个培养皿后乘以2，代表一个培养皿的菌落数。

求5个培养皿的平均菌落总数，公式如下：

$$X_2 = A \times \frac{K}{5}$$

式中：X_2——真菌菌落总数，CFU/g；

　　　A——5块沙氏琼脂培养基培养皿上的细菌菌落总数；

　　　K——稀释倍数。

第六步：结果报告。

注意：若所有培养皿均无菌落生长，则以小于1乘以最低稀释倍数计算。菌落数小于100CFU时，按四舍五入原则修约，以整数报告。菌落数大于或等于100CFU时，按四舍五入原则修约，采用二位有效数字的科学计数法表示。

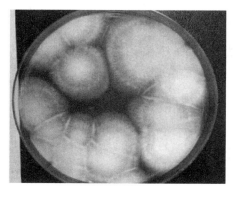
霉菌

酵母

图4-71　沙氏琼脂上菌落生长形态

（8）真菌定性检测。

①检测流程图（图4-72）。

②操作步骤。

第一步：样品处理。见上述内容（1）样品处理。

第二步：接种培养。取5mL样液加至50mL沙氏琼脂培养基中，充分混匀，置于（25±2）℃培养7天。

第三步：结果观察与报告。逐日观察培养液是否混浊，如图4-73所示。

a. 若培养液澄清，则报告未检出真菌。

b. 若培养液混浊，将培养液转种到沙氏琼脂培养基培养。培养后有真菌生长，则报告检出真菌；无真菌生长，则报告未检出真菌。

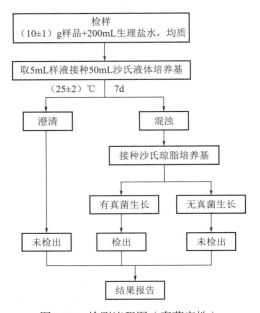

图4-72　检测流程图（真菌定性）

澄清　　　　　　　　　　　　　　　　　　混浊

图4-73　沙氏液体培养基真菌生长情况

4.25.5　关键控制点

（1）样品包装不应有破裂，测试前不得启开，避免带来人为污染。

（2）测试环境须在100级净化条件下。

（3）试验耗材与试剂均为无菌。

4.26　细菌过滤效率

4.26.1　目的及原理
　　细菌过滤效率是指在规定流量下，口罩材料对含菌悬浮粒子滤除的百分数。当口罩被用于医疗门诊、手术室、实验室环境中时，对于口罩的安全系数需求相对较高，细菌过滤效率就是评判口罩对细菌、病毒的抵抗能力的一项重要指标，而口罩对细菌、病毒抵抗能力的强弱直接影响着口罩安全系数的高低。

4.26.2　检测人员岗位要求
　　检测人员应遵守操作规范，并接受细菌过滤效率检测方面的培训、考核，考核通过取得上岗证后方可胜任该岗位。相关人员应具备基本的细菌过滤效率检测概念，熟悉相关的检测标准与流程，并熟练操作细菌过滤效率测试仪。

4.26.3　检测流程
　　（1）随机取样→样品预处理→样液制备→仪器检测→数据分析→合格→出具报告。
　　（2）随机取样→样品预处理→样液制备→仪器检测→数据分析→不合格→复测确认→出具报告。

4.26.4　检测规程
　　下面介绍YY 0469—2011《医用外科口罩》附录B检测规程。
　　（1）测试仪器。细菌过滤效率测试仪。该仪器主要由真空泵、流量计、冷凝器、采样器、过滤器、喷雾器、蠕动泵和空气调节器组成。
　　（2）检测数量及要求。3个样品（需预处理）。
　　预处理条件：试验前将样品放置在温度为（21±5）℃、相对湿度为（85±5）%的环境中预处理至少4h。
　　（3）检测流程。
　　①试验系统中先不放入样品，采样器气体流速控制在28.3L/min，向喷雾器输送细菌悬液的时间设定为1min，空气压力和采样器运行时间设定为2min，采集细菌气溶胶作为阳性质控。
　　②阳性质控测试完成后，取出琼脂平板，放入新的琼脂平板，将试验样品安装在采样器上端夹具中，使其背侧面朝上，进行采样。
　　③启动蠕动泵，待系统稳定后进行测试。
　　④一个试样完成后，将琼脂平板取出，放入新的琼脂平板进行下一个试样测试。
　　⑤完成一批试样测试后，再进行一次阳性质控测试。
　　⑥阳性质控测试完成后，将琼脂平板取出。收集2min气溶胶室内空气样品，作为阴性质控。
　　⑦阴性质控测试完成后，取出琼脂平板，将采样后的琼脂平板放在（37±2）℃培养（48±4）h。

⑧培养（48±4）h后，对细菌颗粒气溶胶形成单位阳性孔进行计数，使用转换表将其转换为可能的撞击颗粒数，再计算测试样品的细菌过滤效率。

（4）检测条件。测试需在万级微生物实验室中进行。

4.26.5　关键控制点

（1）细菌悬液浓度约为$5×10^5$CFU/mL。

（2）口罩的测试部位能完全覆盖模具。

（3）细菌气溶胶的平均颗粒直径在（3.0±0.3）μm范围内。

参考文献

［1］闵瑞，刘洁，代喆，等. 新型冠状病毒肺炎发病机制及临床研究进展［J］. 中华医院感染学杂志，2020，30（8）：1171-1176.

［2］GB 2626—2019 呼吸防护　自吸过滤式防颗粒物呼吸器［S］.

［3］YY 0469—2011 医用外科口罩［S］.

［4］GB/T 38880—2020 儿童口罩技术规范［S］.

［5］GB/T 32610—2016 日常防护型口罩技术规范［S］.

［6］GB/T 32610—2016 日常防护型口罩技术规范［S］.

［7］YY/T 0969—2013 一次性使用口罩［S］.

［8］EN 14683:2019+AC:2019 医用口罩要求和试验方法［S］.

［9］ASTM F2100:2019e1 医用口罩用材料性能的技术规范［S］.

［10］黄永富，林红赛，岳卫华. 医用防护产品穿透性检测用合成血液的研究进展［J］. 北京生物医学工程，2015，34（4）:424-426.

［11］GB/T 5549—2011 表面活性剂　用拉起液膜法测定表面张力［S］.

［12］YY 0691—2008 传染性病原体防护装备　医用面罩抗合成血穿透性　试验方法［S］.

［13］YY/T 0700—2008/ISO 16603:2004 血液和体液防护装备　防护服材料抗血液和体液穿透性能测试　合成血试验方法［S］.

［14］ISO 22609:2004 传染病防护服医用口罩合成血穿透性试验方法［S］.

［15］ASTM F1862/F1862M:2017 医用口罩抗合成血液穿透的标准试验方法［S］.

［16］EN 149:2001+A1: 2009 呼吸防护装置　可防微粒的过滤式半面罩的要求、试验、标记［S］.

［17］GB 15979—2002 一次性使用卫生用品［S］.

［18］中国食品药品检定研究院.食品检验操作技术规范（微生物检验）［M］.北京：中国医药科技出版社，2019.

［19］化妆品安全技术规范（2015年版）［S］.

第5章 防护服检测技术要求

5.1 过滤效率

5.1.1 目的及原理

GB 19082—2009《医用一次性防护服技术要求》中明确要求，医用一次性防护服必须具备一定的过滤效率，以阻断病原体微生物的穿透。其测试原理则是在规定条件下，检测防护服对空气中的颗粒物滤除的百分数。

5.1.2 检测人员岗位要求

同4.1.2口罩检测人员岗位要求。

5.1.3 检测流程

检测流程如图4-1所示。

5.1.4 检测规程

下面介绍GB 19082—2009《医用一次性防护服技术要求》检测规程。

（1）检测介质。氯化钠气溶胶或类似的固体气溶胶［计数中位径（CMD）：（0.075 ± 0.020）μm；颗粒分布的几何标准偏差：≤1.86；浓度：≤200mg/m³］进行试验。空气流量设定为（15 ± 2）L/min，气流通过的截面积为100cm²。

（2）检测数量及要求。最少测试3个防护服样品，防护服关键部位材料及接缝处。其中关键部位是指防护服的左右前襟、左右臂及背部位置。

（3）检测条件。在相对湿度为（30 ± 10）%，温度为（25 ± 5）℃的环境中进行检测。

（4）技术要求。防护服关键部位材料及接缝处对非油性颗粒的过滤效率应不小于70%。

5.1.5 关键控制点

（1）加强对仪器的维护保养，并且定期用质控样进行核查。

（2）测试不同面积的样品时，注意夹持样品后是否保持密封状态。

5.2 抗合成血液穿透

5.2.1 目的及原理

在医用防护服方面，主要有国家标准GB 19082—2009《医用一次性防护服技术要求》，该标准规定了医用防护服抗合成血液穿透的要求和测试方法。

5.2.2　检测人员岗位要求

（1）检测人员应遵守操作规范，并接受抗合成血液穿透检测方面的培训，考核通过取得上岗证后方可胜任该岗位。

（2）相关人员应具备基本的抗合成血液穿透检测概念，熟悉相关检测标准与流程，并可熟练操作各种抗合成血液穿透测试仪器。

5.2.3　检测流程

检测流程如图4-1所示。

5.2.4　检测规程

下面介绍GB 19082—2009《医用一次性防护服技术要求》检测规程。

（1）检测原理。在不同试验压强下，防护服对合成血液穿透的抵抗能力。

（2）检测步骤。

①将试验槽放置在试验台上，将防护服材料正常外表面面向试验槽放入槽内。

②依次将一个垫圈、一个阻滞筛、另一个垫圈放在试验槽上，放上法兰盖和透明盖，拧紧穿透试验槽至13.5N·m，关闭排放阀。

③用注射器将50~55mL的合成血液缓慢从上部的入口处注入穿透试验槽内。

④将一定压力（0、17.5kPa、3.5kPa、7kPa、14kPa、20kPa）的空气从上部的入口处输入穿透试验槽内，若有合成血液从试验样品穿透则停止试验。

⑤试验结束后将气源关闭并将穿透试验槽的阀门打开至通风位置。

⑥打开排放阀将合成血液排空。以适当的洗液冲洗试验槽，除去残留血迹并清洁所有部件。

防护服抗合成血液测试仪如图5-1所示。

（3）检测原料。合成血液的配方组成主要是：羧甲基纤维素钠、吐温20、氯化钠（分析纯）、甲基异噻唑酮（MIT）、苋菜红染料、磷酸二氢钾、磷酸氢二钠和蒸馏水。配制方法如下。

①将羧甲基纤维素钠溶解在水中，在磁力搅拌器上搅拌60min以混匀。

②在一个小烧杯中称量吐温20，并加入水混匀。

③将吐温20溶液加到上述羧甲基纤维素钠溶液中，用蒸馏水将烧杯清洗几次并加到前溶液中。

④将氯化钠溶解在溶液中，然后将磷酸二氢钾和磷酸氢二钠溶解在溶液中。

⑤加入MIT和苋菜红染料。

⑥用磷酸盐缓冲液将合成血液的pH调节至

图5-1　防护服抗合成血液测试仪

7.3 ± 0.1。

⑦用表面张力仪测量合成血液的表面张力，结果应是（0.042 ± 0.002）N/m。如果超出此范围，则不能使用。

（4）检测数量及要求。在每一个防护服样品上随机截取3片75mm×75mm的试验样品。对复合材料或多层材料进行试验时，应将其边缘处封好，保留直径大于57mm的区域用于试验。

（5）技术要求（表5-1）。防护服抗合成血液穿透性应不低于2级。

表5-1 防护服抗合成血液穿透性级别

级别	压强值/kPa	级别	压强值/kPa
6	20	3	3.5
5	14	2	1.75
4	7	1	0

5.2.5 关键控制点

（1）合成血液的表面张力和pH的控制。

（2）合成血液穿透的终点判定，可通过照明，使结果更加清晰；或者使用棉签轻轻涂抹内侧面，观察是否有血渗透。

5.3 断裂强力和断裂伸长率

5.3.1 目的及原理

医用防护服是指医务人员（医生、护士、公共卫生人员、清洁人员等）及进入特定医药卫生区域的人群（如患者、医院探视人员、进入感染区域的人员等）所使用的防护性服装。其作用是隔离病菌、有害超细粉尘、酸碱性溶液、电磁辐射等，保证人员的安全和保持环境清洁。

除了医用防护服材料本身的规格和安全性要求以外，医用防护服的力学性能也非常重要。力学性能主要指医用防护服的断裂强力，抗撕裂、抗穿刺等能力。不仅是医用防护服，其他防护服也有相应的力学性能要求。接下来主要讲防护服的断裂强力和断裂伸长率的测试方法，断裂强力和断裂伸长率主要是通过等速拉伸试验仪来测试，也就是常说的强力机。

5.3.2 检测人员岗位要求

检测人员应遵守操作规范，并接受断裂强力和断裂伸长率检测方面的培训、考核。考核通过取得上岗证后方可胜任该岗位。相关人员应熟悉相关检测标准与流程，并熟练操作强力机等仪器。

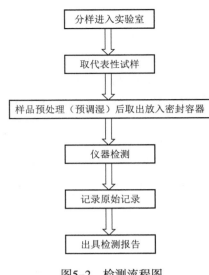

图5-2　检测流程图

5.3.3　检测流程

检测流程如图5-2所示。

5.3.4　检测规程

5.3.4.1　GB 19082—2009《医用一次性防护服技术要求》

（1）测试原理。按照GB/T 3923.1—1997《纺织品 织物拉伸性能　第1部分：断裂强力和断裂伸长率的测定　条样法》，规定尺寸的试样以恒定伸长速率被拉伸至断脱，记录断裂强力和断裂伸长率，如果需要，也可记录断脱强力和断脱伸长率。

（2）试验设备和要求。等速拉伸试验仪标准要求。

①指示或记录的断裂强力的误差应不超过±1%。

②指示或记录夹钳间距的误差应不超过±1mm。

③数据采样频率应不小于8次/s。

④仪器应能设定20mm/min和100mm/min的拉伸速度，精度为±10%。

⑤仪器应能设定100mm和200mm的隔距长度。

⑥仪器两夹钳的中心点应处于拉力轴线上，夹钳宽度至少60mm。

（3）试样制备。从每一个样品取两组，一组为经向（纵向）试样，一组为纬向（横向）试样，每组试样至少5块，试样距布边至少150mm。试样有效宽度为（50±0.5）mm（不包括毛边），长度应能满足隔距长度200mm。如果断裂伸长率超过75%，隔距长度为100mm。按需要也可测试湿态试样。

（4）测试程序。

①设定隔距长度。隔距为200mm，断裂伸长率大于75%的隔距长度为100mm。

②设定拉伸速度（表5-2）。

表5-2　设定拉伸速度

隔距长度/mm	织物断裂伸长率/%	伸长速率/（%/min）	拉伸速度/（mm/min）
200	<8	10	20
200	≥8且≤75	50	100
100	>75	100	100

5.3.4.2　GB/T 38462—2020《纺织品隔离衣用非织造布》

（1）试样制备。同5.3.4.1（3）。

（2）测试程序。隔距长度200mm，拉伸速率100mm/min。

（3）技术要求（表5-3）。

表5-3　技术要求

项目	Ⅰ级	Ⅱ级	Ⅲ级	Ⅳ级
断裂强力/N	≥20	≥20	≥30	≥45

5.3.5 关键控制点

（1）取样部位需严格按GB 19082—2009条款3.4执行。

（2）选择正确的测试速度、隔距。

（3）注意观察试样有没有滑移，如出现滑移的需要更换夹持器。

（4）按标准要求对最终结果进行修约。

5.4 抗静电性能

5.4.1 目的及原理

防护服与我们的口罩是一样的，使用过程中对质量的要求是比较高的，目的都是防护、防病毒、防细菌、抑菌、净化空气，防护服也需要防静电。本节重点讨论的是防护服的抗静电性能。

防护服抗静电性能主要是电荷量。使用到的标准是GB/T 12703—1991中7.2的抗静电性能。测试原理：用摩擦装置模拟试样摩擦带电的情况，然后将试样投入法拉第桶，测量其带电量。

5.4.2 检测人员岗位要求

检测人员应遵守操作规范，并接受过抗静电性检测方面的培训、考核。考核通过取得上岗证后方可胜任该岗位。相关人员应具备基本的抗静电性概念，熟悉相关检测标准和流程，并熟悉织物回旋式摩擦测试仪和法拉第桶的操作和使用规范。

5.4.3 检测流程及规程

（1）仪器与用具。测试用法拉第筒系统和摩擦带电滚筒测试装置。

（2）调湿和试验用大气条件。温度（20±2）℃，相对湿度（35±5）%，环境风速应在0.1m/s以下。

（3）试验准备。

①预处理。因为本节讨论的是一次性防护服，所以样品不需经过系统和预处理。

②试样。每个样品取至少1件制品作为试样。

（4）试验步骤。

①开启摩擦装置，使其温度达到（60±10）℃。

②将试样在模拟穿用状态下（扣上纽扣或拉链）放入摩擦装置，运转15min。

③运转完毕后，将试样从摩擦装置取出（须戴绝缘手套取出试样）投入法拉第筒。

注意：操作过程中试样应距法拉第筒以外的物体300mm以上。

④用法拉第筒测出试样的带电量。

⑤重复5次上述操作。每次之间静置10min，并用消电器对试样及转鼓内的标准布进行消电处理。

5.4.4 技术要求

防护服的带电量不应大于0.6μC/件。

5.4.5 关键控制点

取样时必须戴绝缘手套。

5.5 阻燃性能

5.5.1 目的及原理

GB/T 19082—2009中指出防护服的阻燃性能按照GB/T 5455—1997规定的垂直法进行燃烧性能测试，明确表明具有阻燃性能的防护服应符合三个条件：一是损毁长度不大于200mm，二是续燃时间不得超过15s，三是阴燃时间不得超过10s。只有满足以上条件，在发生特殊情况时才能起到一定的防护作用或者能够为救援争取一定的时间，从而更好地保护作业人员的人身安全。

垂直燃烧是将一定尺寸的试样置于规定的燃烧器下点燃，测量规定点燃时间后，试样的续燃、阴燃时间及损毁长度。该方法适用于阻燃的机织物、针织物、涂层产品、层压产品等阻燃性能的测定。

5.5.2 检测人员岗位要求

检测人员应遵守操作规范，并接受过垂直燃烧检测方面的培训、考核，考核通过取得上岗证后方可胜任该岗位。相关人员应具备基本的垂直燃烧检测概念，熟悉相关检测标准与流程，并熟练操作与之相关的测试仪器，保证检测工作顺利进行，保障操作人员的人身安全和设备安全。

5.5.3 检测流程

检测流程如图5-2所示。

5.5.4 检测规程

下面介绍GB/T 19082—2009《医用一次性防护服技术要求》阻燃性能检测规程。

（1）测试原理。测试方法按照GB/T 5455—1997规定的垂直法进行燃烧性能测试，用规定点火器产生的火焰，对垂直方向的试样底边中心点火，在规定的点火时间后，测量试样的续燃时间、阴燃时间及损毁长度。

（2）检测设备及要求。主要设备是织物垂直燃烧试验仪，由以下几部分组成。

①燃烧试验箱。它是用耐热及耐烟雾侵蚀的材料制成的前面装有玻璃门的直立长方形燃烧箱，箱内尺寸为329mm×329mm×767mm。箱顶有均匀排列的16个内径为12.5mm的排气孔。为防止箱外气流的影响，距箱顶外30mm处加装顶板一块，箱两侧下部各开有6个内径为12.5mm的通风孔。箱顶有支架可承挂试样夹，使试样夹与前门垂直并位于试验箱中心，试样

夹的底部位于点火器管口最高点之上17mm。箱底铺有耐热及耐腐蚀材料制成的板，长宽较箱底各小25mm，厚度约3mm。另在箱子中央放一块可承受熔滴或其他碎片的板或丝网，其最小尺寸为152mm×152mm×1.5mm。

②试样夹。试样夹用以固定试样防止卷曲并保持试样于垂直位置，由二块厚2.0mm、长422mm、宽89mm的U形不锈钢板组成，其内框尺寸为356mm×51mm。试样固定于二板中间，两边用夹子夹紧。

③点火器。点火器管口内径为11mm，管头与垂线成25°，点火器入口气体压力为（17.2±1.7）kPa。

④控制部分。有电源开关、电火花点火开关、点火器启动开关、试样点燃时间设定计、续燃时间记录器、阴燃时间记录器、气源供给指示灯、气体调节阀等。

（3）检测用物料。工业用丙烷或丁烷气体、重锤和挂钩、医用脱脂棉、不锈钢尺（精度1mm）和密封容器。

（4）试样准备及预处理条件。

①试样准备。试样应从距离布边1/10幅宽的部位量取，试样尺寸300mm×80mm，长的一边要与织物经向（纵向）或纬向（横向）平行，每一样品经向及纬向各取5块试样，经向（纵向）试样不能取自同一经纱，纬向（横向）试样不能取自同一纬纱。

②试样预处理条件。试样应按GB/T 6529—2008规定，在标准大气中，即温度（20±2）℃、相对湿度（65±4）%条件下，视样品薄厚放置8～24h，直至达到平衡，然后取出并直接放入密封容器内。也可按有关各方面商定的条件进行预处理。仲裁试验应放置24h。

（5）测试步骤。

①试验在温度为10～30℃及相对湿度为30%～80%的大气中进行。

②接通电源及气源。

③点火前准备工作做好后，点火调节火焰高度使其稳定在（40±2）mm。

④将续燃时间和阴燃时间记录器清零，设置点火时间12s。

⑤将夹持好试样的试样夹放入试验箱，关闭箱门，点着点火器，待火焰稳定30s后，移动火源到试样的正下方，12s后移除火源，并根据需要记录续燃时间和阴燃时间。试样从密封容器内拿出必须在1min内完成点火。

⑥试验熔融性纤维制成的织物时，如果被测试样在燃烧过程中有溶滴产生，则应在试验箱的箱底平铺上10mm厚的脱脂棉。注意熔融脱落物是否引起脱脂棉的燃烧或阴燃，并记录。

⑦打开试验箱前门，取出试样夹，卸下试样，先沿其长度方向炭化处对折一下，然后在试样的下端一侧，距其底边及侧边各约6mm处，挂上按试样单位面积的质量选用的重锤，再用手缓缓提起试样下端的另一侧，让重锤悬空，再放下，测量试样撕裂的长度，即为损毁长度，结果精确到1mm。

⑧清除试验箱中碎片。并开启通风设备，排尽试验箱内的气体及烟雾，关闭通风设备，进行下一个试样的测试。

5.5.5　关键控制点

（1）点火器入口气体压力控制为（17.2±1.7）kPa。

（2）设置火焰高度（40±2）mm，并能保持稳定。

（3）夹持试样应注意使试样平整无褶皱地与试样夹底边平齐。

5.6　抗渗水性

5.6.1　目的及原理

医用防护服（或医疗防护服）是专用于医疗卫生行业，适用于为医务人员在工作时接触具有潜在感染性的患者血液、体液、分泌物、空气中的颗粒物等提供阻隔、防护作用的特种防护服。医用防护服作为医用防护用品中基础的一部分，防护服的防护性能及测试指标尤为重要。本节重点讨论防护服的抗渗水性。

防护服抗渗水性的测试标准使用GB/T 4744—1997《纺织织物　抗渗水性测试　静水压试验》。测试原理：以织物承受的静水压来表示水透过织物所遇到的阻力。在标准大气条件下，试样的一面承受持续上升的水压，直到另一面出现三处渗水点为止，记录第三处渗水点出现时的压力值，并以此评论试样的防水性能。

5.6.2　检测人员岗位要求

检测人员应遵守操作规范，并接受过抗渗水性检测方面的培训、考核，考核通过取得上岗证后方可胜任该岗位。相关人员应具备基本的抗渗水性概念，熟悉相关检测标准和流程，并熟悉耐静水压测试仪的操作和使用规范。

5.6.3　检测流程及规程

（1）样品的裁取。需要取5块试样。试样应为防护服的关键部位，分别是防护服的左右前襟、左右臂和背部位置。试样应满足试验面积要求。

（2）检测设备及要求。检测设备主要是静水压测试仪（图5-3）。静水压仪应能以下列方式夹持试样：

①试样水平夹持，且不鼓起。

②从试样上面或下面承受持续上升水压的试验面积为100cm^2。

③试验过程中，夹持装置不漏水。

④试样在夹持装置中不滑移。

⑤尽量降低试样在夹持装置边缘渗水的可能性。

（3）试验步骤。

①每个试样使用洁净的蒸馏水或去离子水进行试验。

②擦净夹持装置表面的试验用水，夹持调湿后的试样，使试样正面与水接触。夹持样品时，确保在测试开始前试样用水不会因受压透过试样。

图5-3　静水压测试仪

③以（6.0±0.3）kPa/min的水压上升速率对试样施加持

续递增的水压，并观察渗水情况。

（4）记录试样。记录第三处水珠刚出现时的静水压值，不考虑那些形成以后不再增大的细微水珠，在织物同一处渗出的连续水珠不做累计。如果第三处水珠出现在夹持位置的边缘，且导致第三处的静水压值低于同一样品的最低值，则剔除此数据，增补试样另行测试，直到获得正常试验结果为止。

（5）技术要求。防护服关键部位静水压应不低于1.67kPa（17cmH$_2$O）。

5.6.4 关键控制点
（1）防护服取样必须取关键部位。
（2）GB/T 24218.16—2017中使用的水压上升速度为（1.0±0.05）kPa/min，结果取最小值。
（3）必须保证正面朝向水面。

5.7 透湿性

5.7.1 目的及原理
防护服是一种特殊的功能性服装，在新冠肺炎疫情期间，隔离区的医护人员面临许多考验，他们身穿多层防护服。全身被裹得严严实实，在关闭空调的情况下，进行各种操作，不出5min就会汗流浃背，有些医护人员由于长时间穿着这些防护服，出现胸闷、气短、大量出汗以至虚脱晕倒的现象。所以防护服的透湿性成为人们关注的焦点和开发研究的重点。本节重点讨论防护服的透湿性。

防护服透湿量的测试标准使用GB/T 12704.1—1991方法A吸湿法。测试原理：把盛有干燥剂并封以织物试样的透湿杯放置在规定温度和湿度的密封环境中，根据一定时间内透湿杯质量的变化计算试样透湿率、透湿度和透湿系数。

5.7.2 检测人员岗位要求
检测人员应遵守操作规范，并接受过透湿性检测方面的培训、考核，考核通过取得上岗证后方可胜任该岗位。相关人员应具备基本的透湿性概念，熟悉相关检测标准和流程，并熟悉织物透湿仪的操作和使用规范。

5.7.3 检测流程及规程
（1）设备和材料。
①试验箱。试验箱内应配备温度和湿度传感器和测量装置，温度控制精度为±2℃，相对湿度控制精度为±4℃，且每次关闭试验箱门后，3min内应重新达到规定的温、湿度；应具有持续稳定的循环气流速度，大小为0.3~0.5m/s。
②透湿杯及附件（图5-4）。透湿杯、压环、杯盖、螺栓、螺帽应采用不透气不透湿、耐腐蚀的轻质材料制成，透湿杯与杯盖应对应编号。由试样、吸湿剂、透湿杯及附件组成

图5-4　透湿试验杯及附件

的试验组合质量应小于210g。垫圈用橡胶或聚氨酯塑料制成。乙烯胶粘带宽度应大于10mm，用其他方法密封的透湿杯，只要符合内径60mm、杯深22mm两个尺寸，也可以使用。

③其他器具。电子天平，精度为0.001g；温度保持为160℃的烘箱；干燥剂，采用无水氯化钙（化学纯），粒度0.63~2.2mm，使用前需在160℃烘箱中干燥3h；标准筛，孔径为0.63mm和2.5mm各一个；干燥器、标准圆片冲刀；织物厚度仪，按GB/T 3820—2015测定织物厚度，精度为0.01mm。

（2）试样的准备和调试。

①样品应在距布边1/10幅宽，距匹端2m外裁取，样品应有代表性。

②从每个样品上至少剪取3块试样，每块试样直径为70mm。对两面材质不同的样品（例如涂层织物），应两面各取3块试样。

③试样按GB/T 6529—2008规定进行调试。

（3）试验条件。优先采用①组试验条件，若需要可采用②、③组或其他试验条件。

①温度（38±2）℃，相对湿度（90±2）%。

②温度（23±2）℃，相对湿度（50±2）%。

③温度（25±2）℃，相对湿度（65±2）%。

（4）试验步骤。

①向清洁、干燥的透湿杯内装入干燥剂（无水氯化钙）约35g，并振荡均匀，使干燥剂成一平面。干燥剂装填高度为距试样下表面4mm左右。空白试样的杯中不加干燥剂。

②将试样测试面朝上放置在透湿杯上，装上垫圈和压环，旋上螺帽，再用乙烯胶粘带从侧面封住压环、垫圈和透湿杯，组成试验组合体。

③迅速将试验组合体水平放置在规定试验条件的试验箱内，经过1h平衡后取出。

④迅速盖上对应杯盖，放在20℃左右的硅胶干燥器中平衡30min，按编号逐一称重，精确至0.001g，每个试验组合体称量时间不超过15s。

⑤称量后轻微振动杯中的干燥剂，使其上下混合，以免长时间使用上层干燥剂使其干燥效用减弱。振动过程中，尽量避免使干燥剂与试样接触。

⑥除去杯盖，迅速将试验组合体放入试验箱内，经过1h后取出，按步骤④规定称量，每次称量组合体的先后顺序应一致。

⑦干燥剂吸湿总增量不得超过10%。

（5）技术要求。防护服材料透湿量应不低于2500g/(m² · d)。

5.7.4　关键控制点

（1）GB/T 12704.1—2009规定在试验箱中仅需要30min的平衡。

（2）取样时应取具有代表性的部位。

（3）干燥剂必须呈一平面。

（4）平衡后称重结束，必须轻微振动杯中氯化钙使其上下混合。

5.8 环氧乙烷

防护服中环氧乙烷检测技术要求同口罩，具体内容参见4.23。

5.9 微生物卫生指标

防护服的微生物卫生指标检测技术要求同口罩，具体内容见4.25。

参考文献

［1］GB 19082—2009 医用一次性防护服技术要求［S］.

［2］GB/T 38462—2020 纺织品　隔离衣用非织造布［S］.

［3］GB/T 4744—1997 纺织织物　抗渗水性测定　静水压试验［S］.

［4］GB/T 12704—1991 织物透湿量测定方法　透湿杯法［S］.

［5］GB/T 12703—1991 纺织品静电测试方法［S］.

第6章 防疫类纺织品真伪鉴别

防疫类纺织品主要是指以防疫应用为特色，以纺织品为主要原材料，经过熔喷、水刺、针刺等加工工艺成型，经复合而成的医卫用纺织产品。防疫类纺织品主要包括口罩、防护服、一次性防护帽、一次性防护鞋套、即用型消毒湿巾这五大类。

2020年一场疫情在全球肆虐，各国对防疫类纺织品需求不断增长。旺盛的需求下，行业乱象也在滋长。各种假冒伪劣的产品流入市场，不仅影响了个人的安全防护，而且给全社会疫情防控工作埋下了隐患。因此对防疫类纺织品进行真伪的鉴别是很有必要的。如何对防疫类纺织品进行真伪鉴别呢？本章将详细介绍各类防疫类纺织品的鉴别方法。

6.1 防疫类口罩的真伪鉴别

口罩的种类繁多，按生产材料可分为纱布口罩、棉布口罩、非织造布口罩、海绵口罩、纸口罩、活性炭口罩。具有防疫效果的口罩只有非织造布口罩，如图6-1所示。

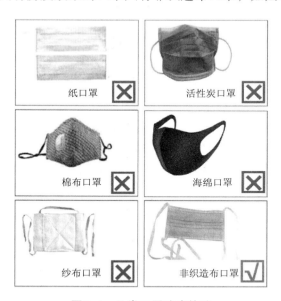

图6-1 几类口罩防疫效果

不同人群及场景，推荐使用的口罩型号也不同，国家卫健委官方给出了不同人群选择口罩的指南（图6-2）。

不同人群选用口罩指引
☆推荐使用　　　　　　√选择使用

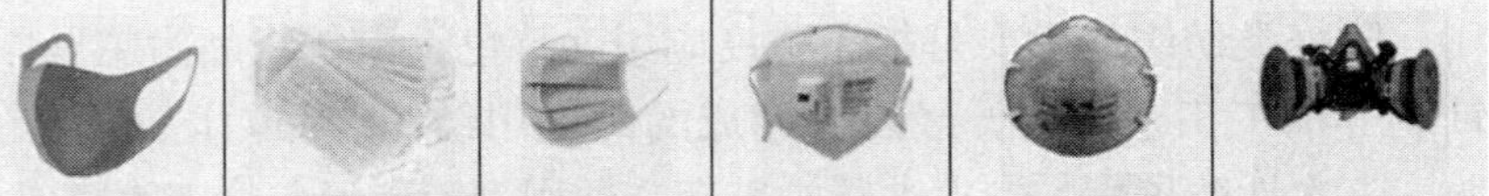

人群及场景	可不戴或戴普通口罩	一次性使用医用口罩（YY/T 0969）	医用外科口罩（YY 0469）	颗粒物防护口罩（GB 2626）	医用防护口罩（GB 19083）	防护面具（加P100滤棉）
低风险 居家活动、散居居民	☆					
户外活动	☆					
通风良好场所的工作者、儿童和学生等	☆					
较低风险 在人员密集场所滞留的公众		☆				
人员相对聚集的室内工作环境		☆				
前往医疗机构就诊的公众		☆				
集中学习和活动的托幼机构、儿童、在校学生等		☆				
中等风险 普通门诊、病房工作医护人员等		√	☆			
人员密集区的工作人员		√	☆			
从事与疫情相关的行政管理、观赛、保安、快递等从业人员		√	☆			
居家隔离及与其共同生活人员		√	☆			
较高风险 急诊工作医护人员			√	☆		
对密切接触人员开展流行病学调查人员			√	☆		
对疫情相关样本进行检测人员			√	☆		
高风险 疫区发热门诊					☆	√
隔离病房医护人员					☆	√
插管、切开等高危医务工作者					☆	☆
隔离区服务人员（清洁、尸体处置等）				☆	√	
对确诊、疑似现场流行病学调查人员				√	☆	

图6-2　不同人群选用口罩指引

6.1.1　渠道鉴别

渠道鉴别作为防疫类纺织品真伪鉴别的第一道防线，起着重要的门户作用。线上购买建议选择各品牌官网及其在第三方购物平台的官方店铺，线下购买建议前往正规药店或医疗器械经营企业，查看其是否具备《医疗器械经营企业许可证》（或备案凭证）和《营业执照》等合法资质。购买时一定要索取购物发票，正式发票是购买凭证，一些非法销售往往没有正式票据。

需要注意的是，医用口罩在我国属于二类医疗器械，根据《医疗器械经营监督管理办法》第一章第四条规定，经营二类医疗器械实行备案管理制度。因此，企业需在国家药品监管部门备案后才具备销售医用口罩的资格，也就是说，绝大多数的微商、小商铺不具备销售资质，这些购物途径风险较大。

6.1.2　外包装产品注册号鉴别

防疫类口罩的真伪可以通过观察外包装的标识来鉴别。通常较为正规的口罩外包装上都会标注产品注册号。注册号的编号规则一般为：X械注准（X是各个省份的简称，如鄂、闽、粤）+注册年份+264（表示属于二类医疗器械64分类）+编号。具体操作流程如下所示。

第一步，登录国家药品监督管理局官网：http：//www.nmpa.gov.cn。点击"医疗器械查询"（图6-3）。

第二步，根据口罩外包装标识的产地，选择国产器械或进口器械（图6-4）。

图6-3　登录国家药品监督管理局官网，点击"医疗器械查询"：第一步

图6-4　外包装产品注册号鉴别：第二步

第三步，输入注册证编号（X械+201XXXXXXXX），点击查询。如果查询不出结果则不是防疫类口罩，如果可以查出对应信息，则进行下一步鉴别，如图6-5、图6-6所示。

图6-5　外包装产品注册号鉴别：第三步

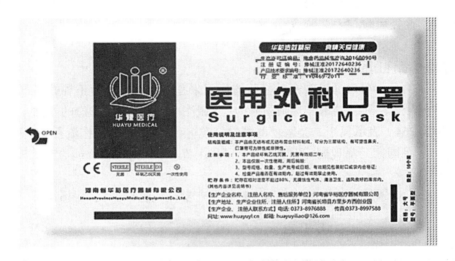

图6-6　口罩外包装中对应的注册证编号

第四步，根据外包装的标识信息选择对应的产品（图6-7）。

图6-7　外包装产品注册号鉴别：第四步

第五步，点击选择对应的产品后，主要看产品名称是否与外包装标识一致，同时还要查看其有效期，如果不一致或时间超过有效期则为伪劣产品（图6-8）。

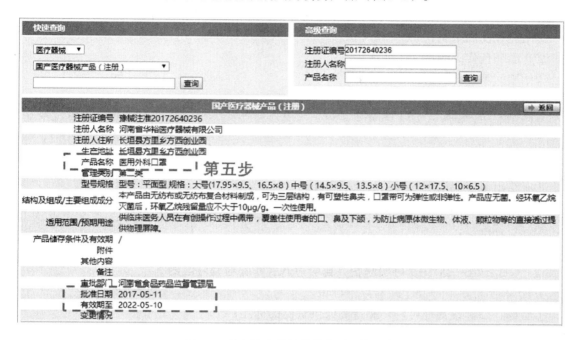

图6-8　外包装产品注册号鉴别：第五步

6.1.3　包装标注的执行标准鉴别

目前，我国关于口罩的标准主要包括GB 19083—2010《医用防护口罩技术要求》、YY 0469—2011《医用外科口罩》、YY/T 0969—2013《一次性使用医用口罩》、GB 2626—2019《呼吸防护　自吸过滤式防颗粒物呼吸器》（2020年7月1日实施）、GB/T 32610—2016《日常防护型口罩技术规范》、FZ/T 73049—2014《针织口罩》以及一些团体和地方标准等。其中只有满足GB 19083—2010、YY 0469—2011、YY/T 0969—2013和GB 2626—2019标准的口罩才具有防疫效果。这几个标准对于产品的包装标注以及使用说明书标注做出了明确的要求。可以根据观察口罩外包装上标注的执行标准来确定外包装标注的信息，如果包装标注信息没有按标准标注或标注的信息模糊不清则为假冒产品。

6.1.3.1　GB 19083—2010《医用防护口罩技术要求》

（1）口罩最小包装的标志。口罩最小包装上至少应有以下清楚易认的标志，如果包装是透明的，应可以透过包装看到标志。

①产品名称、型号；

②生产企业或供货商的名称；

③执行标准号；

④产品注册号；

⑤滤料级别或相应说明；

⑥"使用前请参见使用说明"的文字或符号；

⑦贮存条件及有效期；

⑧一次性使用产品应标明"一次性使用"或相当字样；

⑨如为灭菌产品应注明灭菌有效期及灭菌方式。

（2）使用说明。使用说明至少应使用中文，并应至少给出下列内容。

①用途和使用限制；

②产品颜色代码的意义（如适用）；

③使用前需进行的检查；

④佩戴适合性；

⑤使用方法；

⑥贮存条件；

⑦所使用的符号和（或）图示的含义；

⑧应给出可能会出现的问题及注意事项；

⑨有关口罩使用时间的建议；

⑩执行标准号；

⑪产品注册号。

6.1.3.2　GB 2626—2019《呼吸防护　自吸过滤式防颗粒物呼吸器》

（1）产品标识。产品上应有以下标识。

①名称、商标或其他可辨别制造商或供货商的标注；

②型号和号型（如果适用）；

③执行标准号和年号，过滤元件应标注滤料级别，级别用执行标准号和过滤元件级别组合方式标注，如GB 2626—2019 KN90，或GB 2626—2019 KP100。

（2）包装。在最小销售包装上，应至少以中文用清晰、持久的方式标注，或透过透明包装可见下述信息。

①名称、商标或其他可辨别制造商或供货商的标注；

②面罩类型、型号和号型（如果适用）；

③执行标准号和年号，过滤元件应标注级别，级别用执行标准号和过滤元件级别组合方式标注，如GB 2626—2019 KN90，或GB 2626—2019 KP100；

④产品许可证号（2019版）；适用的许可或认证信息（2019版）；

⑤生产日期（至少为年月）或生产批号，贮存寿命（至少为年）；

⑥"参见制造商提供信息"字样；

⑦制造商建议的贮存条件（至少包括温度和湿度）。

6.1.3.3　YY 0469—2011《医用外科口罩》

口罩最小包装应有清晰的中文标志，如果包装是透明的，应可以透过包装看到标志。标志至少应包括下列信息。

①产品名称；

②生产日期和（或）批号；

③制造商名称及联系方式；

④执行标准号；

⑤产品注册证号；

⑥使用说明；

⑦贮存条件；

⑧"一次性使用"字样或符号；

⑨如为灭菌产品应有相应的灭菌标志，并应注明所用的灭菌方法及灭菌有效期；

⑩规格尺寸及允差；

⑪产品用途。

6.1.3.4　YY/T 0969—2013《一次性使用医用口罩》

（1）最小包装标志。口罩最小包装应有清晰的中文标志，如果包装是透明的，应可以透过包装看到标志。标志至少应包括下列信息。

①产品名称；

②生产日期和/或批号；

③制造商名称、地址及联系方式；

④执行标准号；

⑤产品注册证号；

⑥使用说明（至少包括正反面识别及佩戴方法）；

⑦贮存条件；

⑧"一次性使用"字样或符号；

⑨如为灭菌产品应有相应的灭菌标志，并应注明所用的灭菌方法及灭菌有效期；

⑩规格尺寸；

⑪产品用途。

（2）使用说明书。使用说明至少应给出下列信息。

①产品名称；

②制造商名称、地址及联系方式；

③产品用途和使用限制；

④使用前需进行的检查；

⑤使用方法（至少包括正反面识别及佩戴方法）；

⑥贮存条件；

⑦警告或注意事项；

⑧所使用的符号和/或图示的含义；

⑨如为灭菌产品应注明所使用的灭菌方法。

6.1.4　其他方法鉴别

6.1.4.1　闻辨法

正品防疫类口罩没有任何异味，有异味的口罩则为假冒伪劣产品。

6.1.4.2　防伪码验证法

部分防疫类口罩包装上有防伪验证码，可以通过防伪验证码来验证真伪。以盒装3M N95/KN95系列口罩为例（图6-9）。

（1）微信扫描口罩包装内的使用说明上的防伪二维码。

（2）关注3M公众号。

（3）点击"互动中心"，然后点击"口罩防伪"查询。

（4）扫描二维码或输入防伪码查询真伪。

(a)

(b)

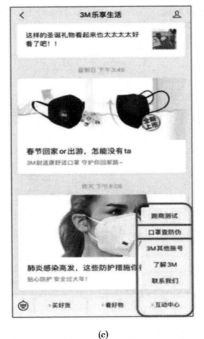

(c)

(d)

图6-9　防伪验证码法鉴别步骤

6.1.4.3　外观观察法

多数非织造布口罩主要由三层非织造布组成，内层和外层多为纺粘非织造布，中间层为驻极聚丙烯熔喷非织造布或具有更高过滤性能的纳米纤维复合材料，是口罩实现阻隔防护功能的关键核心材料，医用口罩的外层非织造布还有拒水等要求。经驻极处理的聚丙烯熔喷非织造布，可利用其荷电纤维的库仑力去捕获细颗粒物（病毒气溶胶等），用其制作而成的口罩在呼吸阻力适宜、佩戴相对舒适的前提下，能大幅提升过滤效率。防疫类口罩结构如图6-10所示。目前，市场上的医用防护口罩、医用外科口罩、民用防护口罩和工业防护口罩等多数采用驻极熔喷非织造布作为其核心过滤材料。

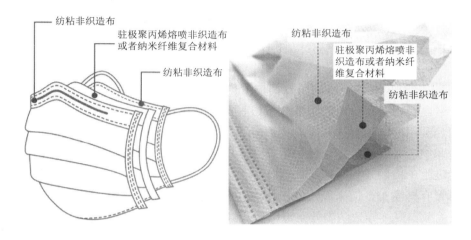

图6-10　防疫类口罩的结构图

（1）剪开口罩观察（图6-11）。剪开口罩观察中间层，若中间层为熔喷非织造布则为防疫类口罩。熔喷布颜色必呈白色，结构较表层非织造布致密，但是熔喷布的强力较表层的纺粘布强力低，可用手扯破。

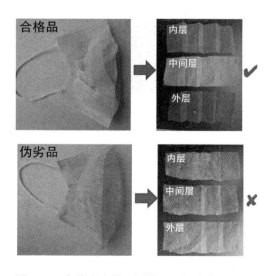

图6-11　真伪防疫类口罩剪开后的实物对比图

（图片由东华大学非织造专业研究生刘飞提供）

（2）透光观察。除了剪开口罩观察可以鉴别是否为防疫类口罩外，还可通过透光观察判断。将两类口罩置于灯源处，防疫类口罩几乎不透光，而非防疫类口罩透光度较高。这是由于防疫类口罩内层含有致密的熔喷布，如图6-12所示。

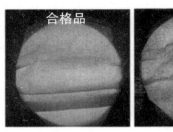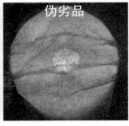

图6-12　真伪防疫类口罩的透光对比图

（图片来源：东华大学非织造专业）

（3）静电吸附观察。合格的防疫类口罩内的熔喷布会经过驻极工艺。驻极后的熔喷布表面带有大量电荷，通过静电吸附效应可以拦截细颗粒物（病毒气溶胶等），起到增强防疫效果的作用。利用静电吸附这一经典物理特征，可以验证熔喷布是否带电。如图6-13所示，经过驻极的非织造布对于头发、铁屑等会产生明显的吸引。单个防疫类口罩中的熔喷布用量较小，虽然吸附头发的效果可能不太明显，但电荷的存在也足以使它吸附在墙壁上。部分伪劣口罩中尽管有熔喷布，但未经过驻极，或者因为驻极技术不过关、存放时间过久等原因导致电荷大量消散，最终导致防疫效果降低达不到标准所需的要求。

(a) 熔喷布吸附头发　　　(b) 熔喷布吸附在墙壁上

图6-13　防疫类口罩静电吸附效果图

（图片来源：东华大学非织造专业）

6.2　防疫类防护服的真伪鉴别

6.2.1　渠道或外包装产品注册号鉴别

医用防护服可以通过渠道、外包装产品注册号进行鉴别，详见本章6.1.1和6.1.2。其中，值得注意的是，根据《医疗器械分类目录》，隔离衣在我国属于第一类医疗器械，实行产品备案管理，而外科手术服和可重复使用性/一次性医用防护服属于第二类医疗器械，实行产品注册管理。

6.2.2　包装标注的执行标准鉴别

目前，我国关于防疫类防护服的标准主要是GB 19082—2009《医用一次性防护服技术要求》、GB/T 20097—2006《防护服一般要求》、GB/T 38462—2020《纺织品　隔离衣用非织造布》以及一些团体标准和地方标准等。其中只要执行标准标注GB 19082则可判定为医用一次性防护服。这几种不同的标准对于产品的包装标注以及使用说明书标注做出了明确的要求。可以根据观察防护服外包装上标注的执行标准来确定外包装标注的信息，如果包装标注信息没有按标准标注或标注的信息模糊不清则为假冒产品。

6.2.2.1　GB 19082—2009《医用一次性防护服技术要求》

防护服的最小包装上应有下面清楚易认的标志，如果包装是透明的，透过包装也应看到下面的标志：

（1）产品名称；

（2）生产商或供货商的名称和地址；

（3）产品号型规格；

（4）执行标准号；

（5）产品注册号；

（6）如为灭菌产品，应注明灭菌方式；

（7）"一次性使用"或相当字样；

（8）生产日期；

（9）贮存条件及有效期；

（10）"使用前需阅读使用说明"或相当字样。

6.2.2.2　GB/T 20097—2006《防护服一般要求》

防护服应向顾客提供以使用国的官方语言表达的有关信息，所有信息应准确，应给出下列信息：

（1）生产厂商和/或经销商的厂名和地址；

（2）如条款7.2规定的产品标注；

（3）执行的标准号；

（4）防护服的图形符号、性能、测试方法和相应性能等级的说明，优先采用表格的形式；

（5）使用说明：

——如果需要，在使用之前穿戴者进行试验；

——如果适用，说明如何穿、脱等穿戴方式；

——适用条件，提供其使用的基本信息，如果可获取详尽的信息，则说明信息来源；

——使用时的限制条件（如温度范围等）；

——贮存和保养的说明，包括每两次保养检查之间的最长时间间隔；

——清洗和/或去污的说明；

——如果必要，对可能会遇到问题的适当警告；

——如果必要，应增加插图和部件号；

（6）如果必要，应有附件和备件的说明；

（7）如果必要，应说明适合于运输的包装类型。

6.2.2.3　GB/T 38462—2020《纺织品　隔离衣用非织造布》

每个包装单元的明显部位应附有标志，标志应包含下列内容：

（1）生产企业名称和地址；

（2）产品名称（隔离衣用非织造布）；

（3）产品主要规格（如：幅宽、卷长、净重、单位面积质量等）；

（4）产品防护等级（如：Ⅰ级、Ⅱ级、Ⅲ级、Ⅳ级）；

（5）执行标准编号；

（6）生产日期、生产批号；

（7）产品有效日期；

（8）检验合格证。

6.2.3　外观观察法鉴别

（1）产品的包装信息。观察产品包装信息上是否带有"医用"或者英文"surgical""medical"等字样，是否描述医学类适用场景和医学用途，如有相关信息，一般可判定为医用防护服，如图6-14所示。

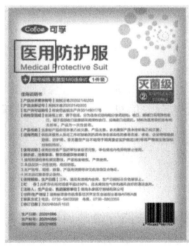

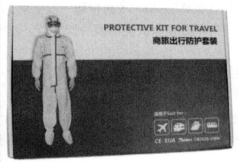

(a) 医用防护服　　　　　　　　　　　(b) 非医用防护服

图6-14　医用防护服的产品包装信息

（2）产品的完整性。医用一次性防护服由连帽上衣、裤子组成，可分连身式结构和分体式结构（图6-15）。如果产品没有帽子，则产品不是医用一次性防护服，反之，则无法判定。

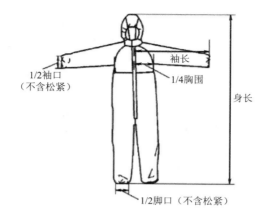

1/2袖口
（不含松紧）

袖长

1/4胸围

身长

1/2脚口（不含松紧）

(a) 连身式结构

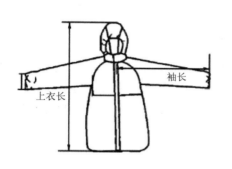

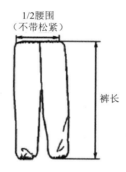

1/2腰围
（不带松紧）

袖长

上衣长

裤长

(b) 分体式结构

图6-15　医用防护服的结构

（3）产品的密封性。医用防护服的材料要采用化学专用料，这样才能够有效防止病毒等从接缝位置穿透，达到医护人员专业防护的标准要求。一般来讲，一次性防护服所有接缝均用非织造布热熔胶通过超声波黏合，使得防护服表现为无缝无针孔，增强了防护服接缝的抗拉力，杜绝了接缝处漏气、漏水、漏菌，且穿着舒适。观察产品的接缝处有无进行密封处理，即直观观察有没有胶条。若无胶条，则产品不是医用一次性防护服，反之，则无法判定，如图6-16所示。

（4）产品的材质。一次性医用防护服材料是需要满足"三拒一抗"（即拒水、拒血液、拒酒精以及抗静电）要求的微纳米级别材料。目前，一次性防护服多采用聚乙烯透气膜制成复合非织造布。聚乙烯透气膜在LDPE/LLDPE树脂载体中，添加50%左右的特种碳酸钙进行共混，经挤出成膜后定向拉伸一定倍率而成。若所使用的材料不对，则产品不是医用一次性防护服，反之，则无法判定。

图6-16　有密封处理的医用防护服

（5）产品的袖口/脚踝口。观察产品袖口、脚踝口的收口是否完整，并保持有弹性。若袖口、脚踝口未收口，则产品不是医用一次性防护服，反之，则无法判定，如图6-17所示。

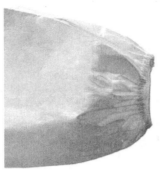

(a) 袖口　　　　　　　　　　　　(b) 脚踝口

图6-17　有收口处理的医用防护服

防疫类纺织品在疫情中发挥着重要作用，防疫类纺织品质量的好坏直接关系到医护人员和普通群众的健康安全。同时，国内防疫类纺织品质量的好坏也直接影响我国的防疫类纺织品进出口贸易，与我国的国际形象有着直接且紧密的联系。相关职能部门在疫情中高度重视防疫类纺织品的质量安全。

参考文献

［1］国家卫生健康委员会疾病预防控制局. 关于印发不同人群预防新型冠状病毒感染口罩选择与使用技术指引的通知［肺炎机制发〔2020〕20号］［EB/OL］.［2020-02-05］. http：//www.nhc.gov.cn/jkj/s7916/202002/485e5bd019924087a5614c4f1db135a2.shtml.

［2］GB 19083—2010 医用防护口罩技术要求［S］.

［3］YY 0469—2011 医用外科口罩［S］.

［4］YY/T 0969—2013 一次性使用医用口罩［S］.

［5］GB 2626—2019 呼吸防护自吸过滤式防颗粒物呼吸器［S］.

［6］GB 19082—2009 医用一次性防护服技术要求［S］.

［7］GB/T 20097—2006 防护服一般要求［S］.

［8］GB/T 38462—2020 纺织品　隔离衣用非织造布［S］.

附录　相关标准信息

口罩相关标准

（1）GB 19083—2010《医用防护口罩技术规范》

（2）YY 0469—2011《医用外科口罩》

（3）YY/T 0969—2013《一次性使用医用口罩》

（4）GB 2626—2019《呼吸防护用品　自吸过滤式防颗粒物呼吸器》

（5）GB/T 32610—2016《日常防护型口罩技术规范》

（6）T/CNTAC 55—2020《民用卫生口罩》

（7）T/CTCA 1—2019《PM2.5防护口罩》

（8）TCTCA 7—2019《普通防护口罩团体标准》

（9）T/GDMDMA 0005—2020《一次性使用儿童口罩》

（10）T/ZFB 0004—2020《儿童口罩》

（11）ASTM F2100:2019《医用口罩用材料性能的技术规范》

（12）ASTM F1862/F1862M:2017《医用口罩抗合成血液穿透的标准试验方法（已知速度固定容积的水平投影）》

（13）ASTM F2101:2019《采用金黄色葡萄球菌生物气溶胶评价医用口罩材料的细菌过滤效率（BFE）的标准试验方法》

（14）ASTM F2299/F2299M:2003（2017）《用乳胶球测定医用口罩材料被微粒渗透的初始效率的标准试验方法》

（15）EN 149:2001+A1:2009《呼吸防护装置　可防微粒的过滤式半面罩的要求、试验、标记》

（16）EN 14683:2019+AC:2019《医用口罩要求和试验方法》

（17）ISO 22609—2004《传染病防护服医用口罩合成血穿透性试验方法》

（18）AS/NZS 1716—2012《呼吸防护装置》

（19）AS 4381:2015《卫生保健用一次性口罩》

防护服相关标准

（1）GB 19082—2009《医用一次性防护服技术要求》

（2）GB/T 20097—2006《防护服一般要求》

（3）GB/T 38462—2020《纺织品隔离衣用非织造布》

（4）T/CTES 1013—2019《医用防护类服装、隔离类用单分级和性能技术规范》

（5）YY/T 1499—2016《医用防护服的液体阻隔性能和分级》

（6）YY/T 0506—2016《病人、医护人员和器械用手术单、手术衣和洁净服系列》

（7）YY/T 1498—2016《医用防护服的选用评估指南》

（8）YY/T 1499—2016《医用防护服的液体阻隔性能和分级》

（9）CNS 14798—2004《抛弃式医用防护衣　性能要求》

（10）NFPA 1999：2008《紧急医疗操作用防护服标准》

（11）ANSI/AAMI PB 70：2012《医疗器械防护服和防护布液体的阻隔性能和分类》

（12）ASTM F1671/F1671M:2013《对使用材料的防护服性的试验方法通过血源性病原体使用披X174噬菌体穿透率的试验系统穿透性》

（13）ASTM F903:2018《防护服用材料耐液体渗透性的试验方法》

（14）BS EN ISO 13688:2013《防护服通用要求》

（15）BS EN ISO 22612:2005《防传感病病原体的防护服防干微生物侵入能力的试验方法》

（16）BS ISO 16603:2004《防止接触血液和体液的防护服测定防护服材料对血液和体液渗透的抵抗力使用合成血液的测试方法》

（17）DIN EN ISO 22612:2005《防传感病病原体的防护服防干微生物侵入能力的试验方法》

（18）EN 14126-2003+AC:2004《防护服抗感染防护服的性能要求和试验方法》

（19）EN ISO 22612:2005《防传感病病原体的防护服防干微生物侵入能力的试验方法》

（20）ISO 16603:2004《防血液和体液接触的防护服防护服材料耐防血液和体液渗入性能的测定合成血液试验法》

（21）ISO 16604:2004《防血液和体液接触的防护服》

（22）JIS T8060:2015《防止接触血液和体液的防护服测定防护服材料对血液和体液渗透的抵抗力使用合成血液的测试方法》

（23）JIS T8061:2015《防止接触血液和体液的防护服测定防护服材料对血源性病原体渗透的抵抗力使用Phi-X174噬菌体的测试方法》

（24）JIS T8115:2010《化学防护服》

相关检测标准

（1）GB/T 24218.3—2010《纺织品　非织造布试验方法　第3部分：断裂强力和断裂伸长率的测定》

（2）EN ISO 13934.1—2013《纺织品　织物拉伸性能　第1部分：断裂强力和断裂伸长率的测定条样法》

（3）GB/T 26160—2010《中国未成年人头部面部尺寸》

（4）GB 3095—2012《环境空气质量标准》

（5）GB 31701—2015《婴幼儿及儿童纺织产品安全技术规范》

（6）GB/T 6529—2008《纺织品调湿和试验用标准大气》

（7）GB/T 31702—2015《纺织制品附件锐利性试验方法》

（8）GB/T 29865—2013《纺织品　色牢度试验　耐摩擦色牢度小面积法》

（9）GB 5455—2014《纺织品燃烧性能试验垂直法》

（10）GB 15979—2002《一次性使用卫生用品卫生标准》

（11）GB/T 14233.1—2008《医用输液、输血、注射器具检验方法　第1部分：化学分析

方法中对环氧乙烷残留量测定》

　　（12）GB/T 17592—2011《禁用偶氮染料的测定》

　　（13）BS EN ISO 14362—1:2017《纺织品　从偶氮着色剂衍化的某些芳族胺的测定方法　第1部分：通过不通过萃取法获得使用某些偶氮着色剂的检测》

　　（14）GB/T 7573—2009《纺织品　水萃取液pH值的测定》

　　（15）GB/T 2912.1—2009《纺织品　甲醛的测定　第1部分：游离和水解的甲醛（水萃取法）》

　　（16）FZ/T 01137—2016《纺织品　荧光增白剂的测定》

结束语

新冠肺炎疫情暴发以来，各地紧急响应，所有发现新型冠状病毒病例的地区均已启动重大突发公共卫生事件一级响应。医务工作者冲锋在一线，在灾难面前他们毅然逆向前行，不畏生死，他们当之无愧是这个时代的英雄。

通过各行各业积极配合，新冠肺炎疫情得以控制，逐渐转好。中国纺织工业联合会检测中心（简称"中纺联检集团"）自2020年2月10日复工以来，在集团和公司领导带领下，党支部发挥战斗堡垒作用，发动党员干部、普通员工加班加点完成检测任务，默默支援这场战斗。医用一次性防护服和口罩是防疫前线最需要的物资，是战斗胜利的关键保障，而保证这些物资的质量安全是我们义不容辞的责任和义务，我们一直在努力。为确保防疫物资供应链上下游企业的检测需求，中纺联检集团在疫情期间全面开启每周7个工作日模式，全力以赴支持相关企业监控产品质量，获得出售资质。自2020年3月上旬中纺联检集团取得口罩和防护服CNAS和CMA检测资质以来，中纺联检集团没有停下脚步，一直在积极准备下一次扩项，以便扩大检测范围，更好地服务国内外防疫类纺织品的生产和销售企业。

2020年8月14日，中国产业用纺织品行业协会（简称"中产协"）组织举办了中产协第四届五次理事会扩大会议暨产业基础再造高峰论坛，会议期间，对13家中产协公共服务平台进行了授牌仪式，其中，佛山中纺联检验技术服务有限公司荣获"中国产业用纺织行业协会医卫用纺织品检测中心（广东）"称号。中纺联检集团引进先进的检测设备，联合权威的检测认证机构，为国内外医卫防护用品的生产和销售企业提供专业的一站式服务。

编者
2022年8月